Helen Ajuwa

Adoção de tecnologias de criação de aves de capoeira para aumentar a produção

Helen Ajuwa

Adoção de tecnologias de criação de aves de capoeira para aumentar a produção

Adoção de tecnologias de criação de aves de capoeira para aumentar a produção na área da administração local de Yenagoa

ScienciaScripts

Imprint

Cover image: www.ingimage.com

This book is a translation from the original published under ISBN 978-620-7-99640-7.

Publisher:
Sciencia Scripts
is a trademark of
Dodo Books Indian Ocean Ltd. and OmniScriptum S.R.L publishing group

120 High Road, East Finchley, London, N2 9ED, United Kingdom
Str. Armeneasca 28/1, office 1, Chisinau MD-2012, Republic of Moldova, Europe
Printed at: see last page
ISBN: 978-620-8-05665-0

RESUMO

O estudo examinou a adoção de tecnologias de criação de aves de capoeira para aumentar a produção de aves de capoeira na área da administração local de Yenagoa, no Estado de Bayelsa. Foi utilizado um processo de amostragem em várias fases para selecionar 150 inquiridos. Os dados foram obtidos através da utilização de um questionário estruturado e analisados utilizando a frequência, a percentagem, a média, a correlação produto-momento de Pearson e a análise de regressão. Dos resultados, mais de metade (54,7%) dos inquiridos eram do sexo feminino, a idade média e o rendimento mensal dos inquiridos eram de 37 anos e N34.000, respetivamente. Os inquiridos conheciam algumas tecnologias de criação de aves de capoeira, tais como o sistema de alimentação automatizado (84,0%), a monitorização da saúde (50,7%), as medidas de biossegurança (46,0%) e o controlo climático (39,3), entre outras. O sistema de abeberamento (78,7%), a nutrição de precisão (50,7%), o controlo da iluminação (48,7%), a biossegurança (48,3%), a gestão do estrume (44,7%), a vigilância sanitária (42,7%) e o sistema de alimentação automatizado (38,7%) eram tecnologias de avicultura disponíveis na área de estudo. A adoção de tecnologias de criação de aves de capoeira na área de estudo foi baixa. (x=2.34). No entanto, os inquiridos ficaram muito satisfeitos com a adoção destas tecnologias. Maior eficiência (x=3,19), bem-estar animal (x=3,10), maior biossegurança (x=3,07) e melhor controlo de doenças, entre outros, são os benefícios percebidos da adoção de tecnologias de avicultura na área de estudo. Os factores que militam contra a utilização de tecnologias de avicultura foram a falta de conhecimentos técnicos (x=3,49), o acesso limitado ao financiamento (x=3,45), o fornecimento irregular de energia (x=3,38) e o elevado custo de investimento (x=3,34), entre outros. A dimensão do agregado familiar dos inquiridos (0,042) e a ocupação (0,017) foram significativamente relacionadas com a adoção de tecnologias de avicultura e a sensibilização dos inquiridos para as tecnologias de avicultura não influenciou significativamente a adoção. Deve ser criada e aumentada uma maior sensibilização para as tecnologias de criação de aves de capoeira através de campanhas de sensibilização e esclarecimento público por parte do grupo de avicultores e de outras partes interessadas.

AGRADECIMENTOS

Desejo expressar a minha profunda gratidão e apreço ao meu supervisor e HOD, Dr. (Sra.) C.O Elenwa e ao meu segundo supervisor, Prof. B.I Isife, por terem lido meticulosamente este trabalho inúmeras vezes e pelo seu encorajamento e críticas construtivas durante a realização deste trabalho.

Agradeço especialmente ao Prof. F.E Nlerum e a todos os professores do departamento, pelas vossas contribuições, conselhos profissionais e encorajamentos. A todo o pessoal não académico do departamento, agradeço o vosso amor e encorajamento.

Continuo grata e agradecida ao meu querido marido, o Sr. Juiz R. Ajuwa, pela sua ajuda e grande demonstração de paciência e compreensão durante a realização deste trabalho, aos meus preciosos filhos, Erick, Benedict, Blessing, Yolanda, Esther, Gods'gift, Hannah, Miete e Karinate pelo seu grande apoio durante todo o processo desta investigação. Agradeço à minha querida mãe, Sra. A. Tonibor, pelas suas orações e cooperação unânime.

Por último, gostaria de agradecer à Sra. Chidera F. Azubuike pela sua ajuda na composição tipográfica deste trabalho.

Deus vos abençoe imensamente.

DEDICAÇÃO

Este trabalho é dedicado a Deus Todo-Poderoso e aos avicultores de Yenagoa LGA do Estado de Bayelsa.

Índice

CAPÍTULO 1 : INTRODUÇÃO

1.1 Antecedentes do estudo

A avicultura é um aspeto importante do desenvolvimento socioeconómico em todo o mundo. A avicultura é a prática de domesticação de galinhas pelos agricultores, principalmente para a produção de ovos e de carne. A avicultura ajuda os agricultores a gerar rendimentos, aumentar as poupanças, criar emprego para um grande número de pessoas, fornecer divisas e contribuir para o Produto Interno Bruto (PIB) do país (Bello, 2022). Como fonte de carne e essencialmente de proteínas, tal como outros animais, a avicultura tem sido reconhecida como parte essencial da fábrica humana em todo o mundo há muitas décadas (Auissepe, 2017; Walker & Hudson, 2014).

As aves de capoeira são vistas como uma das fontes mais baratas de proteína animal e a via mais fácil através da qual esta proteína animal pode ser aumentada, e asseguram a disponibilidade de proteínas na dieta humana, que serve como fonte primária de aminoácidos para a construção do corpo, fornecem vitaminas e minerais que complementam indiretamente a deficiência de proteínas no sistema humano (Bello, 2022).

A produção de aves de capoeira na Nigéria é uma das áreas de eleição da produção pecuária devido ao seu elevado rácio de conversão alimentar. Têm o potencial de converter resíduos de cozinha em proteínas e de aumentar o peso corporal mais do que qualquer outro animal de criação. Mais uma vez, a produção de aves de capoeira pode ter lugar em áreas de terra que desencorajam a produção de culturas. Isto significa que as aves de capoeira podem atuar como uma empresa favorável e útil em terras não aráveis A produção de aves de capoeira na Nigéria, nos últimos séculos, tem sido feita através de métodos tradicionais. Este método é caracterizado pela produção descentralizada e em pequena escala (Walker & Hudson, 2014).

As comunidades rurais e os agregados familiares na Nigéria dedicam-se à criação de patos, galinhas, pintadas e outras espécies de aves domésticas utilizando métodos antigos. A prática envolve frequentemente sistemas de criação em liberdade, em que as aves são autorizadas a procurar alimentos, a vaguear livremente e a beneficiar do ambiente natural. Este método não permite melhorar a produtividade, uma vez que se depara com numerosos desafios, como surtos de doenças, roubo, predação, etc. As raças tradicionais de aves de capoeira têm frequentemente uma capacidade de postura de ovos e uma taxa de crescimento inferiores às espécies melhoradas. Isto diminui o rendimento das aves de capoeira e o rendimento do agregado familiar. Para além disso, as más práticas de alimentação e a nutrição inadequada também levam a uma baixa produção. Isto deve-se ao facto de as aves dependerem apenas dos desperdícios de galinha e da pouca quantidade de ingredientes alimentares que conseguem apanhar através da recolha e de outras técnicas não convencionais. É interessante notar que, através da invenção, foram desenvolvidas várias tecnologias melhoradas para a produção avícola, a fim de aumentar a produtividade e reduzir as perdas. A melhoria das práticas de gestão das aves de capoeira, como o controlo das doenças, a alimentação e um melhor alojamento, promete um aumento do rendimento. Além disso, a adoção de reprodutores resistentes a doenças e de elevado rendimento, mas preservando os tradicionais devido à cultura, pode aumentar a produtividade. Como observado por Hansen (2014), os produtos da tecnologia e do desenvolvimento continuam a ser um fator importante na transformação do desenvolvimento global da economia em geral e da agricultura em particular. Isto significa que a utilização de tecnologias em compromissos produtivos, como a produção avícola, permitirá aos agricultores explorar maiores oportunidades e superar os desafios no subsector agrícola. As investigações mostraram que, na produção agrícola, o acesso à informação em tempo real, o processamento, o armazenamento e a recuperação automatizados para a tomada de decisões no sector agrícola ajudam os participantes a obter apoios para melhorar a produção e a produtividade (Agwu, 2022; Nwoye, (2022) e Qin, (2022) opinaram que a utilização de tecnologias na produção, incluindo as actividades agrícolas, está a emergir rapidamente como a mais recente inovação que ajuda a revitalizar e a melhorar os compromissos produtivos estagnados e lentos. Particularmente nos países em desenvolvimento

Em países como a Nigéria, com baixas actividades produtivas, o subsector avícola, que é considerado uma importante base agroindustrial, ganhou força e vigor significativos devido à sua inclusão no avanço tecnológico (Olanrewajuet *al,* 2023).

A adoção de tecnologia avícola refere-se ao processo através do qual os produtores de aves de capoeira integram e implementam práticas melhoradas e modernas na produção avícola. Estas técnicas abrangem uma grande quantidade de práticas e estratégias que têm como objetivo aumentar a produtividade, o rendimento, a eficiência e o sucesso geral dos agricultores. As tecnologias que têm sido vitais para o aumento da produção avícola incluem raças de aves de capoeira melhoradas, sistema de alimentação automatizado, dispositivo de controlo da temperatura, gestão nutricional adequada, alojamento moderno, práticas de gestão, vacinação e controlo de doenças, manutenção de registos, incubação de ovos, gestão de incubadoras, acesso ao mercado e valor acrescentado, etc. A adoção destas tecnologias promete aumentar a produção, aumentar os rendimentos agrícolas, melhorar a segurança alimentar e melhorar os meios de subsistência em geral.

1.2 Declaração do problema

A indústria avícola tem contribuído grandemente para a economia nigeriana. É uma fonte de proteínas e de carne para muitos agregados familiares. Para além de ser uma fonte primária e importante de proteínas sob a forma de ovos e carne, fornece alimentos, cria postos de trabalho e emprego, proporciona rendimentos e poupanças a um grande número da população do país, é fonte de receitas em divisas e melhora os meios de subsistência e as condições de vida dos agricultores. Esta situação deu origem a vários desafios que atualmente afectam a sua produtividade. Por exemplo, Oladipoet *al.* (2020) observaram que a melhoria do sector avícola na Nigéria está ameaçada pelo aparecimento e propagação de doenças infecciosas das aves de capoeira, incluindo a cocidiose, a nova doença do castelo (ND), a gripe aviária (AI) e a elevada mortalidade, bem como por perdas económicas que afectaram o estado psicológico dos agricultores.
Em Yenagoa Local
Government Area (LGA) do Estado de Bayelsa, a produção avícola enfrenta muitos desafios, como a falta de ingredientes de qualidade para a alimentação, o fraco acesso a créditos agrícolas, problemas de doenças, contacto inadequado com agentes de extensão, entre outros.

Tradicionalmente, a criação de aves de capoeira na área de estudo tem sido praticada. Criar aves em pequenas gaiolas no quintal ou deixar as aves sair de manhã para lhes permitir vaguear pela aldeia e regressar ao fim da tarde para se abrigarem (Bello *et al.* 2022). Este método levou a que a maioria dos agricultores perdesse as suas aves devido a roubo e predadores, o que se deve principalmente à pobreza, à fome e à inanição que têm sido indicadores pronunciados no país em geral e no Estado de Bayelsa em particular. Além disso, as alterações climáticas, como o excesso de precipitação, as inundações e o excesso de sol, entre outras, resultaram na mortalidade das aves. Na tentativa de reduzir estes desafios, foram desenvolvidas várias tecnologias de criação de aves de capoeira, tais como a utilização de gaiolas em bateria, a formulação de alimentos para aves de capoeira, a vacinação das aves contra surtos de doenças, a utilização de comedouros e bebedouros, a utilização de medicamentos hormonais para estimular o crescimento, o sistema de alimentação automatizado, a limpeza e desinfeção das instalações de criação de aves de capoeira para eliminar as doenças. Lamentavelmente, no entanto, a maioria dos agricultores não implementou estas recomendações nas suas operações agrícolas, embora a adoção destas tecnologias possua um grande potencial para enfrentar estes desafios. A adoção destas novas tecnologias avícolas reduzirá grandemente os desafios enfrentados na indústria avícola e aumentará a produção avícola na área de estudo. A questão que se deve colocar é a seguinte: quantos agricultores da área de estudo adoptaram estas tecnologias nas suas explorações para os ajudar a aumentar a produção e quais são essas tecnologias, a sua autenticidade e acessibilidade. É com base no que precede que o estudo procura avaliar ou examinar a adoção de tecnologias avícolas entre os avicultores para aumentar a produção avícola em Yenagoa LGA, Estado de Bayelsa, para fornecer respostas às seguintes questões de investigação: Quais são as caraterísticas socioeconómicas dos avicultores na área de estudo? Qual é o nível de consciencialização e a fonte de informação sobre tecnologias avícolas para aumentar a produção entre os agricultores da zona de estudo? Quais são os vários tipos de tecnologias de avicultura disponíveis na área de estudo? Qual é o grau de adoção das tecnologias de avicultura na área de estudo? Qual é o nível de satisfação dos agricultores da zona de estudo com a adoção de tecnologias avícolas? Quais são os benefícios percebidos da utilização/adoção de tecnologias avícolas para o aumento da produção avícola na área de estudo? e Quais são os factores que militam contra a utilização e adoção de tecnologias avícolas para o aumento da produção avícola na área de estudo?

1.3 Objetivo do estudo

O objetivo geral do estudo era avaliar a adoção de tecnologias de criação de aves de capoeira para aumentar a produção de aves de capoeira na área da administração local de Yenagoa, no estado de Bayelsa.

Os objectivos específicos eram os seguintes

i. descrever as caraterísticas socioeconómicas dos avicultores da zona de estudo;

ii. aumentar o conhecimento e as fontes de informação sobre as tecnologias de criação de aves de capoeira para aumentar a produção;

iii. identificar os vários tipos de tecnologias de criação de aves de capoeira disponíveis;

iv. examinar o grau de adoção das tecnologias de criação de aves de capoeira;

v. determinar o nível de satisfação com a adoção de tecnologias de criação de aves de capoeira;

vi. verificar a perceção dos benefícios da utilização/adoção de tecnologias avícolas para o aumento da produção avícola; e

vii. identificar os factores que militam contra a utilização e a adoção de tecnologias de criação de aves de capoeira pelos avicultores para aumentar a produção na zona de estudo.

1.4 Declaração de hipóteses

As seguintes hipóteses nulas orientaram o estudo.

H_{01}: Não existe uma relação significativa entre as caraterísticas socioeconómicas dos avicultores e a adoção de tecnologias avícolas para aumentar a produção avícola na área de estudo.

H02: Não existe uma relação significativa entre o nível de sensibilização e a adoção de tecnologias de criação de aves de capoeira para aumentar a produção avícola na área de estudo.

H03: Não existe uma relação significativa entre as fontes de informação dos agricultores e a adoção de tecnologias avícolas para aumentar a produção avícola na área de estudo.

1.4 Importância do estudo

Foram envidados vários esforços no subsector das aves de capoeira para melhorar e aumentar a produção avícola pelos intervenientes relevantes em todo o mundo, incluindo a Nigéria. Nunca é demais sublinhar a necessidade de os agricultores adoptarem tecnologias de produção avícola. Há, portanto, necessidade de investigação sobre a adoção na produção avícola. Este estudo, quando realizado com sucesso, será relevante para diferentes actores da indústria avícola. Das seguintes formas:

As conclusões, quando divulgadas, serão úteis para os decisores políticos do sector avícola, no sentido de elaborarem uma política adequada que aumente a produção avícola na Nigéria, especialmente entre os agricultores rurais.

As organizações de extensão agrícola, tanto do sector público como do privado, considerarão os resultados da investigação muito úteis na divulgação de tecnologias melhoradas de avicultura aos agricultores para aumentar a produção. O relatório das variáveis do estudo, tais como as caraterísticas socioeconómicas, o nível de consciencialização, os efeitos percebidos e, mais importante, os factores que militam contra a adoção de tecnologias avícolas na área de estudo, dará aos agentes e organizações de extensão uma compreensão clara da situação prevalecente na adoção de tecnologias avícolas para o desenvolvimento e implementação de programas adequados. O conhecimento que emana deste estudo contribuirá significativamente para a literatura existente e preencherá a lacuna identificada no corpo de conhecimento. Além disso, os fornecedores de insumos avícolas e as agências estarão devidamente equipados e armados com o conhecimento e a informação derivados deste estudo como uma ferramenta de trabalho para transacções e negócios avícolas adequados.

1.5 Âmbito do estudo

T estudo centrou-se na adoção de tecnologias de criação de aves de capoeira para aumentar a produção de aves de capoeira na área da administração local de Yenagoa, no Estado de Bayelsa. O estudo concentrou-se na identificação dos vários tipos de tecnologias de avicultura disponíveis; examinou o grau de adoção das tecnologias de avicultura; verificou os benefícios percebidos da utilização/adoção de tecnologias de avicultura para o aumento da produção de aves de capoeira; e identificou factores que militam contra a utilização e adoção de tecnologias de avicultura pelos avicultores para o aumento da produção na área de estudo.

1.7 Limitações do estudo

As limitações com que o estudo se deparou incluíram a barreira linguística, a rede rodoviária deficiente e a vontade de dar resposta durante o inquérito/entrevista. Estas limitações

foram resolvidos empregando assistentes de investigação da área de estudo para se relacionarem com os avicultores na área da língua e encorajando os agricultores a responderem, assegurando-lhes que a informação fornecida será mantida confidencial.

1.8 Organização do estudo

O estudo, que se centrou na adoção de tecnologias de avicultura para aumentar a produção em Yenagoa LGA, Estado de Bayelsa, foi organizado em cinco capítulos. O primeiro capítulo é a introdução, que será dividida em subsecções como o contexto do estudo, os objectivos do estudo, a declaração de hipóteses, o significado do estudo, a organização do estudo e a definição de termos. O capítulo dois apresenta a revisão da literatura sob os seguintes subtítulos: quadro teórico, quadro concetual, literatura empírica e resumo da literatura revista. O capítulo três debruçou-se sobre a metodologia de investigação, que incluiu a área de estudo, o desenho da investigação, o processo de amostragem e a dimensão da amostra, o método de recolha e análise de dados. O capítulo quatro apresenta os resultados e discute as conclusões. O capítulo cinco abordou a conclusão, as recomendações, a contribuição para o conhecimento e as sugestões para estudos futuros.

1.9 Definição dos termos

Adoção: Esta é descrita como o ato de abraçar ou aceitar adquirir e utilizar uma ideia, comportamento, princípio, caraterísticas. É a escolha de obter e utilizar novas recomendações. **Tecnologias**: Refere-se aos dispositivos, sistemas e métodos que resultam do conhecimento e da investigação científica e que são utilizados para fins práticos.

Aves de capoeira: Refere-se a todas as aves domésticas criadas para efeitos de produção de carne e de ovos. Incluem-se as codornizes, os perus, as galinhas, os patos e outras aves criadas especificamente para a produção de carne e de ovos.

Agricultura: Esta é a atividade que envolve o cultivo de culturas e/ou a criação de animais, incluindo aves de capoeira, num pedaço de terra.

Produção: Refere-se às actividades que envolvem a utilização de vários factores de produção, como a terra, o trabalho e o capital, para obter resultados sob a forma de produtos ou serviços.

Aves: Trata-se de aves de capoeira domésticas criadas por seres humanos com o objetivo de colher produtos animais úteis, como carne, ovos ou penas.

CAPÍTULO 2 : REVISÃO DA LITERATURA

O capítulo foi subdividido nas seguintes três áreas: enquadramento teórico, enquadramento concetual, literatura empírica e resumo da literatura revista.

2.1 Quadro teórico

2.1.1 Teoria da Ação Fundamentada - Fishbein e Ajzen (1967)

A Teoria da Ação Fundamentada (TRA) foi desenvolvida por Fishbein e Ajzen no ano de 1967, tendo sido posteriormente alargada e modificada para a Teoria do Comportamento Planeado (TPB) em 1985. A teoria postula que a intenção da pessoa de se envolver num ato comportamental é influenciada pela sua atitude em relação às normas subjectivas, ao comportamento e ao controlo comportamental percebido. A TPB pode ser aplicada para compreender e prever a adoção de tecnologias pelos avicultores na produção avícola das seguintes formas

i. Atitude em relação às tecnologias: A atitude dos avicultores em relação à adoção das tecnologias recomendadas para aumentar a produção influencia a utilização das tecnologias. A disposição geralmente positiva em relação às tecnologias sugere que favorece a adoção das tecnologias. Os avicultores mostram uma atitude variável em relação às tecnologias de produção e nenhuma recomendação agrícola recebe as mesmas disposições por parte da população agrícola. Assim, a utilização das tecnologias de produção avícola é largamente influenciada e dependente da atitude dos seus potenciais utilizadores.

   Norma subjectiva: Sabe-se que a sociedade exerce grande influência sobre a adoção de tecnologias pelos avicultores, os grupos de pares, a família e os peritos na matéria, todos eles influenciam a capacidade dos avicultores de adoptarem tecnologias de produção. Podem encorajar ou desencorajar os avicultores a adotar tecnologias

ii. Controlo comportamental percebido: por vezes, a perceção que os agricultores têm da sua própria capacidade de adotar recomendações agrícolas (tecnologias) influencia a sua escolha de adotar ou não tecnologias. Neste caso, os avicultores consideram importantes factores como a durabilidade da tecnologia, os seus conhecimentos técnicos e a disponibilidade de formação. Se os avicultores acreditarem que podem utilizar a tecnologia com sucesso e facilmente, é provável que a adoptem.

iii. Intenção de adoção: A intenção dos avicultores de adotar tecnologias influencia grandemente a sua escolha de adoção de tecnologias. Se os avicultores tiverem intenção de adotar uma determinada tecnologia, há maiores probabilidades de que essas tecnologias obtenham uma taxa de adoção mais elevada.

iv. Comportamento de adoção real: o comportamento de adoção real dos avicultores em relação às tecnologias para aumentar a produção é influenciado pela sua intenção de adotar a inovação. Além disso, factores externos como a disponibilidade de incentivos ou subsídios, a compatibilidade com as práticas existentes e o custo das tecnologias afectam o comportamento de adoção real dos agricultores.

A teoria do comportamento fundamentado é importante no estudo da adoção de tecnologias avícolas para melhorar a produção, porque permite compreender o complexo processo de tomada de decisões de adoção e orientar estratégias para promover a adoção de tecnologias benéficas pelos agricultores.

2.1.2 Teoria da aceitação da tecnologia -Davis (1989)

A Teoria da Ação Fundamentada (TRA) e a Teoria do Comportamento Planeado (TPB) influenciaram a Teoria da Aceitação da Tecnologia (TAT) e as suas teorias alargadas, que se centram principalmente na adoção e utilização de tecnologias. Davis, em 1989, apresentou a TAT para explicar os factores determinantes da aceitação pelos utilizadores de uma vasta gama de tecnologias informáticas para utilizadores finais. Na TAT, Davis identificou dois construtos teóricos, incluindo a Utilidade Apercebida (PU) e a Facilidade Apercebida na TAT, como a sua base teórica para explicar a adoção e utilização de tecnologias. Os estudiosos já confirmaram que a PU tem uma relação positiva com a intenção de adoção (Davis, 1989) e a intenção de continuação (Ritu, Agarwal & Karahanna, 2000; Venkatesh, 2000).

2.1.3 Teoria da Aceitação da Tecnologia Avançada -Venkatesh e Davis (1996)

A teoria da Aceitação de Tecnologia Melhorada (TAM2) foi um produto de Venkatesh e Davis a partir da extensão do Modelo de Aceitação de Tecnologia (TAM). A teoria forneceu uma explicação pormenorizada das principais forças subjacentes à avaliação da utilidade percebida das tecnologias. O TAM2, como versão melhorada do TAM, incorporou construtos teóricos adicionais, incluindo normas subjectivas, voluntariedades e experiências, bem como a qualidade do rendimento da relevância agrícola e a demonstrabilidade dos resultados (Kim &Crownston, 2012). O TAM2 tem relevância na adoção de tecnologias de avicultura das seguintes formas. A adoção de tecnologias avícolas na produção de aves de capoeira depende da facilidade com que os agricultores percepcionam a tecnologia nas suas actividades agrícolas quotidianas. Por exemplo, um sistema de controlo da temperatura ou um sistema de alimentação automatizado devem incentivar uma pequena criação e ser de fácil utilização para permitir a adoção. Antes de as tecnologias serem adoptadas na avicultura, os agricultores devem acreditar que a adoção dessas tecnologias aumentará a sua produção. Por exemplo, os avicultores considerarão úteis as tecnologias que aumentam a produção de ovos ou que melhoram a gestão das doenças. Essencialmente, o sucesso da adoção de tecnologias por parte dos avicultores reside, em grande medida, na sua utilização efectiva. É mais provável que os agricultores adoptem tecnologias avícolas que mostrem uma utilização real nas suas explorações. Os pontos acima sugerem que, ao abordar a perceção da utilidade, a perceção da facilidade de utilização e outros factores relacionados com os acima mencionados, a indústria avícola pode incentivar a adoção de tecnologias para aumentar a produção.

2.1.4 Teoria da difusão da inovação - Rogers (2003)

A Teoria da Difusão da Inovação (IDT), desenvolvida por Rogers em 2003, tem sido utilizada no estudo da adoção de tecnologia pelos indivíduos. O principal objetivo da IDT é compreender a adoção da inovação em termos de quatro elementos de difusão, incluindo a inovação, o tempo, os canais de comunicação e os sistemas sociais. A IDT também afirma que o comportamento de adoção de tecnologia de um indivíduo é determinado pelas suas percepções relativamente à vantagem relativa, compatibilidade, complexidade, experimentabilidade e observabilidade da inovação e das normas sociais (Rogers, 2003). A teoria fornece informações valiosas sobre a adoção de tecnologias de criação de aves de capoeira. Esta teoria sugere que o processo de adoção de inovações entre os avicultores segue uma curva em forma de sino, com diferentes categorias de adoptantes com base na sua disponibilidade para adotar novas tecnologias.

2.1.5 Teoria Unificada da **Aceitação** e **Utilização da** Tecnologia **(UTAUT)- Venkatesh (2003)** A Teoria Unificada da Aceitação e Utilização da Tecnologia, proposta por Venkatesh em 2003, é um quadro abrangente para compreender a adoção de tecnologia. A teoria fornece uma visão refinada da forma como os factores determinantes da intenção e do comportamento evoluem ao longo do tempo. Parte do princípio de que existem três determinantes diretos da intenção de utilização (expetativa de desempenho, expetativa de esforço e influência social) e dois determinantes diretos do comportamento de utilização (intenção e condições facilitadoras) (Venkateshet *al,* 2003). Estas relações são moderadas pelo género, idade, experiência e voluntariedade da utilização (*Venkateshetal*, 2003). Esta teoria é relevante para a adoção de tecnologias avícolas entre os agricultores das seguintes formas, com base nas três intenções de utilização:

Expectativa de desempenho: No contexto da avicultura, é provável que os agricultores adoptem novas tecnologias se esperarem que estas melhorem o seu desempenho. Por exemplo, se um avicultor acredita que a utilização de sistemas automatizados de controlo da temperatura irá melhorar o crescimento e a saúde dos seus frangos, é mais provável que adopte esta tecnologia.

Expectativa de esforço: A facilidade de utilização destas tecnologias de criação de aves de capoeira é fundamental. É mais provável que os agricultores adoptem tecnologias de avicultura que sejam fáceis de utilizar e que exijam um esforço mínimo para funcionar.

Influência social: A pressão dos pares e da comunidade pode desempenhar um papel significativo. Se os agricultores influentes e outras figuras da zona apoiarem estas tecnologias, é mais provável que outros façam o mesmo.

2.1.6 A teoria das necessidades básicas - Maslow (1745)

A Teoria das Necessidades Básicas afirma que os indivíduos têm necessidades humanas fundamentais, como a subsistência, a proteção, o afeto, a compreensão, a participação, o lazer, a criação, a identidade e a liberdade (Schutte&Schutte, 2018). No contexto da adoção de tecnologias de avicultura, atender a essas necessidades por meio de inovações, como melhor controle de doenças (proteção), maior rendimento (subsistência) e redução do trabalho (lazer), pode motivar os agricultores a adotar essas tecnologias.

A teoria unificada da aceitação e utilização da tecnologia é mais relevante para este estudo porque incentiva os avicultores a adoptarem novas tecnologias. A teoria insiste em que a facilidade de utilização destas tecnologias avícolas é fundamental. A teoria também incentiva a pressão dos pares e da comunidade porque pode desempenhar um papel significativo. Se os agricultores influentes e outras figuras da região apoiarem estas tecnologias, é mais provável que outros façam o mesmo.

2.2 Quadro concetual

Este aspeto do capítulo destina-se a dar uma representação esquemática precisa e a explicar a relação entre as variáveis-chave no que se refere a este estudo.

A variável dependente na caixa A, que é o aumento da produção na pobreza, tal como a disponibilidade de produtos avícolas (ovos, frangos de carne, poedeiras, etc.), depende da variável independente na caixa B: a adoção de tecnologias de criação de aves de capoeira, que inclui: gaiolas em bateria, camas, bebedouros, etc.

A variável moderadora na (Caixa C1) é uma variável que modera a variável independente.

Trata-se das caraterísticas socioeconómicas dos avicultores, do grau de adoção, do nível de sensibilização e das fontes de informação.

A variável moderadora na Caixa C2 modera a variável dependente na Caixa A e inclui o pagamento de impostos, políticas governamentais, crenças e cultura, etc.

A variável interveniente na Caixa D: são factores que influenciam tanto a variável dependente como a variável independente e são factores que militam contra a adoção de tecnologias avícolas para aumentar a produção avícola, tais como o elevado custo da ração, medicamentos, entre outros.

Os resultados/efeitos (Caixa E) são os resultados esperados, que incluem a criação de emprego, o espírito empresarial, **o** aumento dos rendimentos, o aumento da produção, entre outros.

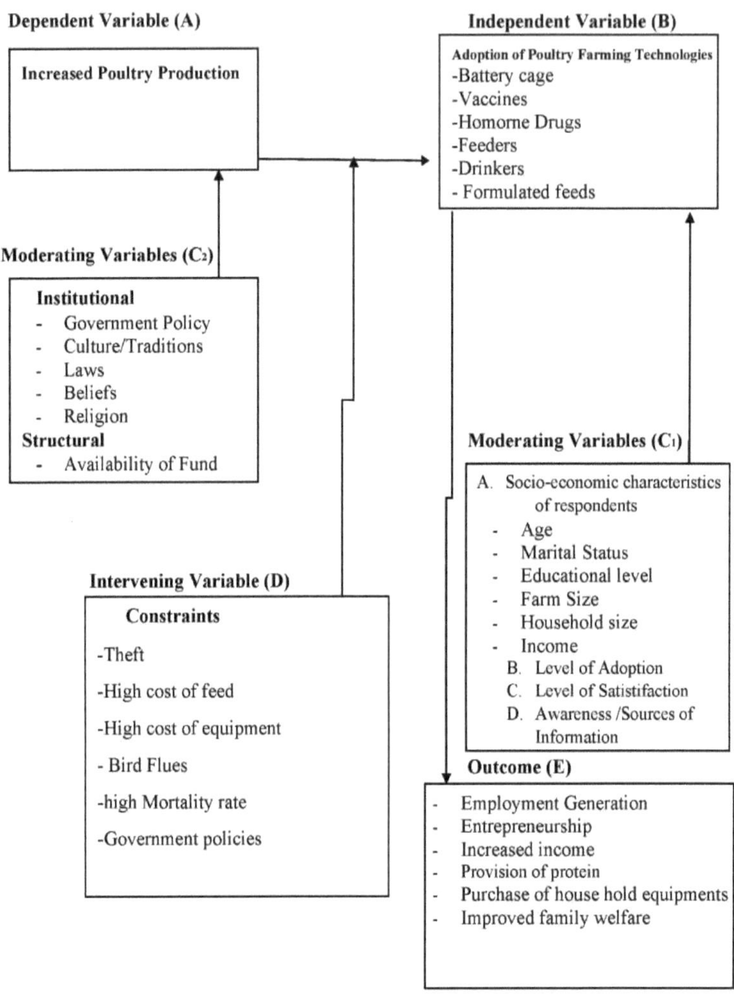

Fig. 2.1: Esquema de Adoção de Tecnologias Avícolas para o Aumento da Produção Avícola

2.2.1 Conceito de criação de aves de capoeira

A criação de aves de capoeira com recurso à tecnologia depende da utilização de conhecimentos científicos e da experiência dos agricultores (Loyon, Burton, Misselbrook, Webb, Philippe, Aguilar, Doreau, Hassouna, Veldkamp, Dourmad&Bonmati, 2016). Trata-se da criação de aves domésticas (principalmente galinhas, perus, patos e gansos), etc., para produção de carne, ovos ou ambos, consoante o tipo de avicultura em causa. Ao longo dos anos, a criação moderna de aves de capoeira tem sido aplicada com o objetivo de melhorar as raças de aves de capoeira. São necessárias tecnologias sofisticadas para atingir o objetivo. Para melhorar as raças e a produção, são necessárias tecnologias adequadas e uma equipa de especialistas. *(Loyonet al,* 2016). Por conseguinte, uma exploração avícola moderna devidamente organizada deve ter em conta tanto as necessidades básicas das aves de capoeira como estar em harmonia com o potencial genético dos animais, empregando especialistas nas operações. A tendência recente para a utilização da tecnologia na avicultura tem recebido reacções positivas e negativas. Os países desenvolvidos tendem a adotar a tecnologia nas operações de criação de aves de capoeira, incluindo a Finlândia, enquanto os países em desenvolvimento tendem a ser relutantes em inculcar a tecnologia.

Os países em desenvolvimento raramente dedicam tempo, recursos e esforços para aprender as necessidades e a importância que a tecnologia tem, especialmente na indústria avícola. Essas nações permanecem presas aos velhos métodos tradicionais, com pouca aplicação tecnológica. Isto faz com que se atrasem em relação à atual tendência de mudança nas operações comerciais. Nos países onde a tecnologia na avicultura é largamente praticada, como na Europa, certos factores determinam a conceção de cada exploração avícola. Os factores incluem as condições da paisagem, o zonamento da exploração, o sistema de distribuição de alimentos para animais, o sistema de ventilação e formas eficientes de recolha, armazenamento e utilização de composto (Loyonet *al*., 2016). No que respeita à paisagem, a construção de abrigos para aves baseia-se nas condições climáticas correspondentes e noutros requisitos regionais. Por outro lado, o zonamento das explorações agrícolas exige que estas sejam instaladas em áreas com ligações rodoviárias e de acesso eficientes. A conceção do sistema de ventilação depende das necessidades de arrefecimento e aquecimento ideais para as aves de capoeira. As explorações avícolas variam entre a pequena escala, a média e a grande escala. As explorações de grande escala encontram-se principalmente na Europa, onde a tecnologia foi aplicada para facilitar o trabalho e aumentar a produção, maximizando a eficiência (Hajiyevet *al.,* 2022). As explorações avícolas de média e pequena escala encontram-se principalmente na Ásia e noutros países do terceiro mundo, onde são aplicados métodos tradicionais de criação. Embora os métodos convencionais não sejam eficientes, asseguram a produção contínua de produtos avícolas. No entanto, alguns países em desenvolvimento, incluindo a Nigéria, adoptaram a tecnologia na criação de aves de capoeira. O maior problema que estes países enfrentam é que, em particular a Nigéria, tem elevados níveis de pobreza e a falta de apoio governamental sob a forma de subsídios, empréstimos e um contexto económico fraco, o que limita a aplicação da tecnologia disponível na avicultura. A maioria das explorações avícolas na Nigéria utiliza métodos tradicionais de criação de aves de capoeira, em que um surto de doenças é capaz de varrer todas as aves de capoeira (Bello *et al,* 2022). Consequentemente, estas explorações continuam a utilizar métodos tradicionais de produção, criação e armazenamento de pintos. A comercialização é frequentemente efectuada a nível local.

Isto coloca a indústria avícola na Nigéria como um empreendimento local de pequena escala. A tecnologia na avicultura é um tema novo e, após o estudo, permitirá que os avicultores vejam a necessidade de inculcar a tecnologia no seu empreendimento comercial. A distinção entre a criação de aves de capoeira na Nigéria e na Finlândia vem, portanto, à luz. A tecnologia na avicultura foi aproveitada e apoiada pelos governos de países desenvolvidos como a Finlândia, o que levou a um impulso no sector avícola. A tecnologia na avicultura vai mais longe do que as medidas de controlo de doenças, passando pelo desenvolvimento de melhores raças de pintos, métodos eficientes de armazenamento de produtos, melhores alimentos e melhores formas de promoção de vendas. A inclusão da tecnologia na avicultura na Finlândia não só conduziu a um aumento da produção, como também facilita a criação, o aproveitamento e a distribuição dos subprodutos das aves de capoeira (Hajiyevet *al,* 2022).

2.2.2 Situação e desenvolvimento do sector das aves de capoeira na Nigéria

Na Nigéria, a maioria dos avicultores concentra-se na criação de galinhas e perus, sendo a galinha a preferida. Cerca de 85 milhões (42%) da população da Nigéria, ou seja, 4 em cada 10 nigerianos, dedicam-se à produção avícola, principalmente à criação de aves de capoeira em pequena e média escala. Não há praticamente nenhuma parte do país onde não se vejam estas criaturas de duas pernas a vaguear pela vizinhança ou a serem criadas (Hamid *et al,* 2017). Um relatório publicado em 2020 sobre a produção avícola na Nigéria mostrou que a Nigéria tem a segunda maior população de galinhas de cerca de 180 milhões por ano em África. Em comparação com a população da Nigéria em 2020, as galinhas representam atualmente cerca de 26 000 000 da população total do país, que se estima ser de 206 139 587, de acordo com as estatísticas publicadas pelo Banco Mundial.

Os frangos de carne representam 70% da população de frangos na Nigéria, enquanto as poedeiras representam 30% (Relatório anual sobre a pecuária, 2015).

Apesar da expansão do sector avícola nos últimos anos, a avicultura na Nigéria apenas satisfaz 30% das necessidades de carne e ovos de galinha dos nigerianos, o que equivale a 300 Mt de carne e 650 Mt de ovos por ano (ASL 2050, 2018). Isto significa que existe uma enorme oportunidade no mercado das aves de capoeira para os avicultores que pretendam criar aves de capoeira na Nigéria, seja em pequena, média ou grande escala. Estima-se que 1,2 milhões de carnes de aves de capoeira sejam contrabandeadas para o país só a partir da República do Benim. Cerca de 21 mil milhões de ovos são produzidos anualmente na Nigéria através da avicultura, o que faz do país o maior produtor de ovos de galinha em África (Relatório anual sobre a pecuária, 2015). No entanto, em comparação com outros países, o consumo de ovos de galinha na Nigéria é de 60 ovos por ano per capita, em comparação com 250 ovos por ano per capita nos países avançados. Existe um mercado viável no sector dos ovos de galinha. A avicultura tem um impacto significativo nas receitas internas do país, contribuindo anualmente com cerca de 6-8% do PIB da Nigéria. A atividade agrícola na Nigéria representa mais de 20% do PIB do país;

A criação de aves de capoeira contribui, por si só, para cerca de 30% do PIB da agricultura. A Nigéria é o quarto maior produtor de carne de aves de capoeira em África. De acordo com um relatório compartilhado pelo Governador do Banco Central da Nigéria (CBN) Godwin Emefiele em 2019, a indústria avícola na Nigéria vale cerca de N1,6 trilhões, tornando-a o subsetor mais comercializado de todos os subsetores agrícolas da Nigéria. O Governador do Banco Apex também afirmou que existe um enorme potencial para a indústria avícola na Nigéria. Atribuiu a procura de produtos avícolas ao crescimento da população do país (Relatório anual sobre a pecuária, 2015). A indústria avícola na Nigéria é uma parte vital da economia, essencial para promover o crescimento do sector agrícola e ajudar a reduzir a subnutrição. Além disso, a indústria orgulha-se de ter criado emprego direto e indireto para cerca de seis milhões de pessoas. Segundo consta, a carne de aves de capoeira na Nigéria representa 37% da quantidade total de carne produzida no país. Além disso, outras estatísticas mostram que 27% do total de proteínas animais provêm de aves de capoeira (Hamid *et al.,* 2017.) O sector é composto por incubadoras, explorações de criação, indústrias de moagem onde são fabricadas rações para aves, indústrias de fabrico de vacinas e medicamentos e organizações de comercialização. Na Nigéria, a avicultura é maioritariamente gerida pelo sector privado. De acordo com o Relatório Anual sobre a Pecuária (2015), a avicultura privada começou na década de 1990 com várias explorações de criação de animais de origem a produzir e vender pintos do dia para frangos e poedeiras. O relatório mostra que, desde 1995, foi atingida uma taxa média de crescimento anual de 15%-20%. Contudo, o surto de gripe aviária em 2007 levou a um declínio da taxa de crescimento. O relatório revela ainda que, em 2011, existiam 82 explorações de aves de capoeira e incubadoras. A oferta das empresas corresponde a 80 % da procura total de aves de capoeira de origem, sendo os restantes 20 % provenientes de importações. Além disso, em 2011, existiam 74 fábricas de produção de alimentos para aves de capoeira. (Relatório anual sobre a pecuária, 2015; Hamid *et al,* 2017.)

No sector público, existem 31 explorações de criação de galinhas e duas explorações de criação de patos. Além disso, seis incubadoras de galinhas e duas de patos estavam em funcionamento no sector público em 2014. (Relatório anual sobre a pecuária, 2015; Hamid *et al,* 2017.) Devido à oferta inadequada de carne de aves de capoeira e de ovos e à falta de fundos suficientes para investir no sector, o governo está a incentivar o sector privado a aventurar-se na indústria avícola. O feedback da iniciativa governamental é positivo, com muitas pessoas das zonas rurais a aderirem ao sector como pequenos e médios agricultores. Para além da população rural, outras organizações, como a Kazi poultry, a Paragon poultry, o Nigeria Rural Advancement Committee (BRAC) e a Aftab poultry, foram criadas e trabalham na indústria avícola. Recentemente, a maioria das organizações integrou as suas operações. (Rahman, Jang & Yu, 2017) As grandes empresas têm sido fundamentais na produção de alimentos para animais e na transformação de carne de aves de capoeira. A maioria das explorações avícolas na Nigéria opera a nível familiar. Por conseguinte, o acesso a fontes de financiamento para expansão e aquisição de equipamento tecnológico é limitado. Além disso, sendo uma nação em desenvolvimento, a economia não é suficientemente estável para apoiar plenamente a inclusão da tecnologia na avicultura. No entanto, algumas explorações agrícolas privadas, como mencionado anteriormente, aplicam a utilização de tecnologia no sector avícola. A procura de produtos avícolas é impulsionada por valores culturais que desencorajam o consumo de carne de vaca e de porco. Por conseguinte, as aves de capoeira disponíveis na Nigéria são frequentemente inadequadas.

Além disso, a produção avícola da Nigéria tem crescido de forma constante neste século, apesar da miríade de desafios enfrentados. De acordo com o relatório de 2017 do Rabobank (A Time for Africa), os quatro países da África Ocidental - Gana, Nigéria, Costa do Marfim e Benim - apresentam o maior potencial para o desenvolvimento do sector avícola, em termos de aumento da procura local e dos incentivos disponíveis, tanto fiscais como não fiscais (Adeyonu, Ajiboye, Isitor&Faseyi, 2017). Como parte da sua resposta às perspectivas apresentadas por esta informação, o Governo neerlandês está a mostrar um interesse crescente no sector avícola da África Ocidental, com vista a estimular o empreendedorismo, o desenvolvimento agrícola e a inovação na sub-região (Adeyonu, Oyawoye, Otunaiya & Akinlade, 2016). Foi neste sentido que o Governo neerlandês encomendou este estudo. Este estudo foi encomendado para fornecer uma visão mais profunda da indústria avícola da Nigéria; para compreender as necessidades dos sectores público e privado, e para compreender como estas necessidades podem ser satisfeitas pelas capacidades, partilha de conhecimentos, tecnologias e competências do sector privado neerlandês. A agricultura representa 35% do PIB da Nigéria (Ahmed & Mohammed, 2015). Antes da ascendência do petróleo, a agricultura era a principal fonte de divisas do país. Agora que o petróleo está em declínio, há um grande clamor pela diversificação da economia nigeriana. Este facto redireccionou a atenção para a agricultura e, atualmente, o Governo da Nigéria presta uma atenção sem precedentes ao desenvolvimento agrícola - quer como instrumento para reduzir a fatura de importação do país, quer como potencial fonte principal de divisas. O sector avícola nigeriano contribui em cerca de 25% para o PIB agrícola. Desde cerca de 2008, tem havido um esforço nacional deliberado para promover a agricultura como negócio. O governo federal incentivou os agricultores a passarem da agricultura de subsistência para a agricultura comercial. De facto, foi lançado um regime de intervenção financeira a este respeito, o Regime de Crédito à Agricultura Comercial (CACS). A indústria avícola nigeriana, sendo o subsector mais bem organizado do sector agrícola e contribuindo com 25% do total da contribuição agrícola para o PIB, estava bem posicionada para beneficiar desta e de outras medidas. A indústria avícola também testemunhou uma tremenda melhoria técnica ao longo da última década e continua a contribuir para alcançar a suficiência alimentar e o crescimento económico da Nigéria. Este estudo abrange os sistemas e processos de produção, o ambiente político e regulamentar, as lacunas em termos de capacidade, conhecimentos, tecnologia, formação e educação e os mercados de produtos e subprodutos avícolas (Ajani, Mgbenka&Onah, 2015). Também examina como as políticas agrícolas da Nigéria nos últimos tempos afectaram o negócio das aves de capoeira. A importação de carne de aves de capoeira e de ovos de mesa para a Nigéria é proibida há pelo menos duas décadas, mas a sua aplicação só se tornou efectiva nos últimos quatro anos.

Este facto teve um grande impacto positivo na produção de aves de capoeira no mercado local. Com uma população urbana em constante crescimento, uma classe média em expansão e uma economia rural em melhoria, a procura de carne irá certamente aumentar ao longo dos anos. A produção de aves de capoeira oferece uma abordagem muito rápida e saudável para satisfazer a procura crescente de proteínas animais. Com a proteção governamental dos produtores locais contra a concorrência internacional desleal, é provável que a indústria avícola nigeriana mantenha uma trajetória positiva (Alders, Costa, Gallardo, Sparks & Zhou, 2019).

Assim, estão a surgir numerosos novos investimentos na cadeia de valor da avicultura. O entusiasmo em relação às oportunidades económicas no sector avícola deve, no entanto, ser equilibrado com uma consciência dos desafios (Alhotan, 2016). Uma grande fonte de preocupação para as partes interessadas no

A Nigéria é a fonte e a estruturação do financiamento de crédito para a atividade avícola na Nigéria. Num curto espaço de tempo, muitas explorações comerciais começaram com entusiasmo, mas rapidamente entraram em colapso, por razões que são mais financeiras do que técnicas. A dimensão, o custo e a estrutura de reembolso do financiamento disponibilizado aos avicultores não se adequam frequentemente ao calendário/ciclo da atividade, pelo que os avicultores acabam por falhar os pagamentos e perder os seus investimentos. Neste relatório, identificamos cinco questões fundamentais que teriam de ser abordadas para garantir o crescimento contínuo do sector avícola da Nigéria. Melhorar o acesso ao financiamento, especialmente para os médios e pequenos agricultores, com melhores financiamentos, custos e estruturas para todos os avicultores. Trabalhar na formação financeira dos bancos que trabalham com o sector agrícola. Estabilizar o ambiente político e regulamentar para incentivar o planeamento e os investimentos a longo prazo, reforçando simultaneamente a confiança dos investidores. Além disso, criar espaço para equipamento avícola renovado (Augère-Granier, 2019).

Desenvolver os mercados locais para incentivar ainda mais a produção e minimizar as flutuações causadas pelas actividades dos especuladores. Incentivar/promover a disponibilidade durante todo o ano de insumos e/ou matérias-primas de boa qualidade e com boa relação custo-eficácia para o fabrico de rações; insumos veterinários; DOCs, tecnologia e equipamento de boa qualidade. Mais formação e educação específicas para o sector, especialmente aos níveis mais baixo (tratador de aves de capoeira / aluno do ensino secundário) e mais alto (perito / especialista). Desenvolver cursos/currículos de formação prática para trabalhadores agrícolas e gestores de explorações agrícolas. As empresas neerlandesas já estão activas na Nigéria e é desejo do Governo neerlandês que os seus investimentos e os de outras empresas neerlandesas ainda não activas na Nigéria contribuam para o crescimento contínuo do sector (Augère-Granier, 2019).

Em termos de desenvolvimento do sector avícola na Nigéria, a indústria avícola nigeriana tem uma longa história. As explorações avícolas comerciais surgiram na

Nigéria nos primeiros anos pós-independência. De facto, já existiam algumas explorações modernas antes de a Nigéria se tornar independente. Na época do boom do petróleo, a Nigéria assistiu a uma expansão das suas indústrias avícola e leiteira, mas este progresso foi invertido durante a depressão económica da década de 1980. Após o restabelecimento da democracia em 1999, iniciou-se na Nigéria uma nova vaga de esforços renovados para desenvolver a agricultura (incluindo a avicultura). Um dos principais incentivos ao crescimento foi a proibição da importação de produtos avícolas. A partir de 2005, foram criados vários organismos de intervenção e fundos para o desenvolvimento da agricultura. Entre eles, destaca-se o Commercial Agriculture Credit Scheme (CACS), que permitiu a muitos dos principais produtores comerciais de aves de capoeira expandirem-se dramaticamente entre 2008 e cerca de 2013. Outro regime inovador digno de nota foi o NIRSAL (Nigeria Incentive-Based Risk Sharing Scheme for Agricultural Lending), que visava reduzir o risco dos empréstimos agrícolas e, assim, tornar os bancos comerciais mais dispostos a conceder empréstimos ao sector agrícola. O regime NIRSAL foi particularmente útil para o sector avícola, porque as crises de gripe aviária de 2005/2006 e 2009 aumentaram a perceção dos riscos associados à atividade avícola, desencorajando assim os bancos de conceder empréstimos aos avicultores. Em 2015, a atual liderança política da Nigéria manifestou o desejo de reduzir as importações e promover a produção local. Neste contexto, o governo reforçou ainda mais a aplicação da proibição do contrabando. Com um melhor controlo do contrabando, os produtores de frangos de carne puderam penetrar no mercado e expandir a sua produção.

O Governo também reforçou o programa "Anchor Borrowers", que permitiu que os pequenos e médios agricultores participassem em regimes de empréstimos agrícolas através da ligação a compradores cuja garantia permitiu que os pequenos agricultores acedessem ao financiamento (Relatório anual sobre a pecuária, 2015).

O consumo de aves de capoeira na Nigéria é relativamente baixo em comparação com outros países. Estima-se que, em média, os nigerianos comem 1,9 kg de carne de frango per capita num ano, ao passo que na África do Sul e no Gana os valores são de 32,98 e 7,67, respetivamente (Augère-Granier, 2019). Embora a procura de aves de capoeira tenha vindo a aumentar anualmente, registou-se um declínio nos últimos dois anos. Este declínio tem sido associado à crise económica no país causada pelos baixos preços do petróleo. A economia parece ter recuperado recentemente e presume-se que o crescimento económico na Nigéria provocará um aumento do consumo de carne de frango per capita. Embora se espere que a procura de produtos de aves de capoeira aumente rapidamente, o governo nigeriano manteve em vigor a proibição de importação de produtos de aves de capoeira8 . Além disso, tenta desencorajar a exportação de produtos avícolas. Diz-se que esta regulamentação protegerá a balança de divisas da Nigéria. Deverá também incentivar o desenvolvimento do sector avícola nacional, de modo a que este possa contribuir para alimentar a crescente população nigeriana nos próximos anos.

2.2.3 Fontes de informação sobre tecnologias de criação de aves de capoeira para aumentar a produção de aves de capoeira

As informações sobre tecnologias de avicultura são obtidas pelos agricultores e outros actores agrícolas a partir de diferentes fontes, incluindo as seguintes, que são discutidas abaixo, tal como identificadas por Ogbonna&Agwu, (2013) e Bibhunadini, (2018).

Extensão agrícola

A extensão agrícola é uma agência vital na Nigéria, tal como na maioria dos outros países, que tem a responsabilidade de disseminar a informação agrícola aos agricultores e de os ensinar a utilizar efetivamente a informação para melhorar a produtividade. O governo nigeriano, através do Ministério Federal da Agricultura e do Desenvolvimento Rural e dos Ministérios e Comissões Agrícolas a nível estatal, criou serviços de extensão agrícola. Os agentes da agência de extensão visitam os agricultores e as comunidades rurais, organizam sessões de formação e divulgam tecnologias e práticas agrícolas modernas aos agricultores (Jibowo, Ajayi&Adereti, 2022; Umar, Azuaga, Idrisa, Buba&Abubakar, 2022; Nwosu&Nwachukwu, 2013). No seu papel de disseminação de informação, os agentes de extensão desempenharam várias vezes o papel de intermediários num esforço para transferir novas informações e melhorias nas tecnologias agrícolas para os agricultores. Eles fornecem informações actualizadas sobre as variedades de culturas mais recentes e melhoradas, práticas e métodos agrícolas sustentáveis e eficientes. Ao fazê-lo, o agente de extensão desempenha um papel crucial como fonte de informação agrícola para os agricultores, especialmente nos países em desenvolvimento como a Nigéria. É interessante notar que, para além do governo, as organizações não governamentais (ONG) também prestam serviços de extensão agrícola através de programas concebidos para servir de ligação entre os agricultores e as instituições de investigação agrícola, como os centros de investigação e a maioria das universidades e faculdades de agricultura na Nigéria. Desta forma, os agricultores obtêm informações actuais e oportunas sobre a evolução da agricultura (Nwosu & Nwachukwu, 2013).

Historicamente, a extensão agrícola na perspetiva global, de acordo com Jibowoetal (2022), pode ser rastreada até à era da revolução industrial na América e na Europa, quando surgiu a necessidade de melhorar o desempenho agrícola, de modo a satisfazer a necessidade crescente de matérias-primas industriais em quantidade e qualidade adequadas. O objetivo de aumentar a produção dos agricultores rurais, que são os principais produtores agrícolas, através do fornecimento de informações agrícolas aos agricultores nos locais onde trabalham e vivem, levou a que essas informações especializadas chegassem até eles. Estes esforços foram implementados na Nigéria e noutros países para melhorar a produtividade agrícola. Nas suas conclusões, Olorunfemi, Olurunfemi, Oladele e Maloo (2021) observaram que a extensão agrícola tem sido vital para melhorar os meios de subsistência rurais com informação fiável e que as actividades de extensão agrícola eficazes, entre outras funções, englobam o fornecimento de informação atempada aos agricultores, cuja disponibilidade equipará os agricultores para darem uma resposta imediata à tecnologia disponível.

Kamanda, Momoh, Motaung e Yila (2022), no seu estudo sobre os factores que influenciam a adoção da nova tecnologia do arroz para África pelos pequenos agricultores de uma região selecionada da Serra Leoa, referiram que os agentes de extensão constituíam a principal fonte de informação para os agricultores sobre a tecnologia do arroz. Esta constatação é ainda confirmada pela afirmação de Umar et al. (2022), que afirmam que a extensão, enquanto processo, não se preocupa apenas com o desenvolvimento de competências, mas também com a divulgação de informação aos agricultores para uma melhor adoção da tecnologia.

Os agentes de extensão agrícola têm a responsabilidade principal de fornecer aos agricultores informação atempada e relevante sobre novas tecnologias agrícolas e práticas agrícolas. Tanto a agência governamental de extensão agrícola como a organização não governamental (ONG) dão aos agricultores novas recomendações agrícolas para os ajudar a acompanhar o desenvolvimento atual do sistema agrícola (Olorunfemi, et al, 2021). Os agricultores recebem informações sobre as técnicas de cultivo das variedades de mandioca e as suas caraterísticas. Os agentes de extensão estabelecem contactos com os agricultores, distribuem panfletos e organizam workshops para divulgar esta informação (Oke et al, 2022)

Instituições académicas e de investigação

As instituições académicas e de investigação são fontes de informação agrícola vitais, mas frequentemente negligenciadas. As universidades, as escolas superiores de agricultura e outras instituições académicas terciárias realizam estudos vitais sobre vários aspectos da agricultura, incluindo variedades de culturas, agricultura sustentável e gestão de pragas e doenças. Transferem os resultados da sua investigação para os agricultores e os utilizadores dessa informação através de vários canais e plataformas, como relatórios, publicações académicas e seminários, permitindo assim o acesso dos agricultores. Além disso, os agricultores e a comunidade agrícola em geral acedem à informação agrícola indiretamente a partir das instituições académicas, através dos estudantes a quem é oferecido ensino agrícola e que os equipa com os conhecimentos e competências necessários para contribuir para o sector agrícola. Nwachukwu (2013) observou que, na Nigéria, algumas universidades adoptaram aldeias para a extensão de tecnologias específicas no âmbito de programas especiais. Observou que alguns projectos de extensão foram implementados por algumas universidades na Nigéria. Por exemplo, o Projeto de Desenvolvimento Rural de Isoya da Universidade ObafemiAwolo (OAU), o Projeto de Desenvolvimento Rural de Badeku da Universidade de Ibadan (UI) e o Projeto de Desenvolvimento Rural de Okpuje da Universidade da Nigéria Nsuka (UNN). Jibowo et al (2022) também observaram que algumas universidades serviram várias vezes como fontes de informação agrícola para agricultores e comunidades rurais através dos seus vários projectos. Destaca-se a transferência de informação sobre sementes híbridas, variedades melhoradas de milho, mandioca, soja e feijão-frade; tecnologias melhoradas de gestão do solo, controlo de ervas daninhas, armazenamento, secagem de grãos, descasque e pulverização, entre outras. Além disso, os investigadores académicos das universidades nigerianas e de outras instituições terciárias publicam os seus trabalhos em publicações académicas, tais como artigos de investigação (documentos pormenorizados que apresentam as conclusões de estudos originais, fornecendo uma revelação aprofundada sobre a agricultura e a saúde).

tecnologias e outros assuntos específicos), artigos de revisão (fornecem resumos abrangentes de investigações existentes sobre um assunto específico, incluindo assuntos sobre tecnologias agrícolas como variedades melhoradas de mandioca), estudos de casos (descrevem e analisam instâncias específicas ou exemplos de fenómenos, muitas vezes para destacar resultados especiais), actas de conferências (compilam apresentações e documentos de conferências académicas, oferecendo uma visão rápida do desenvolvimento recente e de questões em voga, como novas variedades de mandioca e outros assuntos mais recentes). Outros são livros, monografias, documentos de política, livros brancos, capítulos de livros e teses/dissertações. Estas publicações fornecem informações sobre uma vasta gama de tópicos e questões que vão desde técnicas agrícolas inovadoras até ao desenvolvimento de novas variedades de culturas, como a mandioca.

Além disso, na Nigéria, as instituições de investigação como o International Institute of Topical Agriculture (IITA) e o Nation Roof Crop Research Institute (NRCRI) são uma importante fonte de informação agrícola para os agricultores, com base nos resultados das investigações efectuadas nos seus centros de investigação (Nwosu e Nwachukwu, 2013).

Para tal, realizam uma investigação aprofundada sobre várias culturas, incluindo a mandioca, com o objetivo de desenvolver melhores materiais de plantação e outras práticas melhoradas para aumentar a produtividade agrícola. Publicam os resultados da investigação em vários meios e plataformas, como revistas, relatórios e publicações, que são disponibilizados e acessíveis aos agricultores e às suas partes interessadas. Além disso, as instituições de investigação organizam frequentemente workshops, dias de campo para agricultores e seminários para partilhar e divulgar diretamente informações às partes interessadas do sector agrícola. Através destas actividades, as instituições de investigação reforçam a adoção de tecnologias melhoradas no sistema agrícola, actuando assim como boas fontes de informação agrícola Udoh, et al (2005).

A maioria das instituições de investigação divulga informação agrícola aos agricultores e a outras audiências relevantes, na sua maioria não publicada. Os agricultores obtêm destas instituições informações sobre as variedades de mandioca para poderem tomar decisões informadas. Tal como as instituições académicas, os centros de investigação fornecem muita informação à sociedade após extensas investigações na agricultura e noutras áreas relacionadas e relevantes, tanto na forma publicada como não publicada (Anuobi,2020).

Na Nigéria, os institutos de investigação agrícola como o IITA e o NRCRI divulgam informações sobre as variedades de mandioca aos agricultores e partilham informações sobre a sua resistência a doenças, potencial de rendimento e adequação às zonas agro-ecológicas.

Associações e cooperativas de agricultores.

Os agricultores são seres sociais e, como tal, muitos agricultores de mandioca pertencem a uma ou outra associação ou cooperação, o que reforça a partilha de informações

(Kanyenj,2020). De acordo com Njenga et al. (2021), a adesão dos agricultores a associações e cooperações dá-lhes a oportunidade de partilharem experiências, desafios e trocarem informações. Os grupos formais e informais de agricultores também desempenham um papel vital não só na partilha de novas informações, mas também na persuasão dos agricultores para experimentarem novas tecnologias (Aravindakshan, Krupnik, Groot, Speelman, Amjath-Badu &Tittonell, 2020). Por exemplo, na aprendizagem entre pares dos agricultores, os agricultores experientes partilham os seus conhecimentos e informações agrícolas vitais com os seus colegas, dando-lhes a oportunidade de aceder a informações sobre tecnologias agrícolas sustentáveis. Além disso, as associações de agricultores organizam sessões de formação, workshops e seminários sobre vários aspectos da agricultura, incluindo a produção de mandioca. Os membros recebem informações cruciais sobre variedades de culturas, gestão de pragas e doenças e outras questões importantes sobre a utilização de tecnologias sustentáveis na produção de culturas. Além disso, algumas associações de agricultores formam uma colaboração saudável com instituições de investigação e universidades, bem como outras instituições terciárias de agricultura, para obter informações vitais precisas sobre os últimos resultados da investigação e inovação, incluindo o desenvolvimento de variedades de mandioca (Aravindashan et al, 2021). Relataram que as associações de agricultores fornecem aos membros informações sobre os preços negociados coletivamente para as tecnologias agrícolas, incluindo as variedades de mandioca. Mais uma vez, para além da aprendizagem entre pares, as associações de agricultores realizam reuniões regulares onde se encontram e acedem a informações vitais sobre tecnologias agrícolas.

Para além disso, muitos agricultores pertencem a grupos cooperativos através dos quais obtêm informações vitais sobre tecnologias agrícolas, promovendo a capacidade dos agricultores através de vários meios. Estes grupos proporcionam aos agricultores um meio de trocar e adquirir informações e experiências. Os membros aprendem uns com os outros, pois partilham continuamente conhecimentos sobre variedades de culturas e outras tecnologias agrícolas. Através da série de sessões de formação e de workshops que organizam para os membros sobre várias tecnologias agrícolas, fornecem aos agricultores membros informações sobre as políticas relevantes relativas à utilização e adoção de determinadas tecnologias agrícolas. Mais uma vez, as sociedades cooperativas de agricultores promovem frequentemente a inclusão do género, encorajando a participação das mulheres agricultoras no acesso à informação. Este esforço garante que a informação sobre tecnologias agrícolas chega a um vasto espetro da população agrícola (Akinbile&Badiru, 2022). Os grupos cooperativos também fornecem aos agricultores informações sobre o fracasso das colheitas através de acções colectivas para gerir os riscos associados. Fornecem igualmente aos membros informações sobre os preços e as tendências do mercado. Assim, as sociedades cooperativas de agricultores desempenham um papel crucial no reforço da transferência de tecnologia agrícola, servindo de fonte de informação para os agricultores (Okwuokenye& Iduseri,2019).

A maioria dos agricultores pertence a organizações e associações voluntárias. A informação sobre os compromissos agrícolas, como as variedades de mandioca, as fontes de insumos, etc., é fornecida por estes grupos e sociedades cooperativas para melhorar a sua capacidade de tomada de decisões. Os grupos servem de plataforma para partilhar informações sobre variedades de mandioca que possuem as suas caraterísticas preferidas para posterior adoção. Os grupos de agricultores e as cooperativas são muito comuns nas zonas rurais e têm muitas funções para ajudar os membros e os não membros a tomar decisões agrícolas informadas através da partilha de informações agrícolas relevantes. Os agricultores visitam-se uns aos outros, individualmente ou em grupo, e nestas reuniões partilham informações vitais que têm a ver com a atividade agrícola. Ao fazê-lo, as informações sobre as variedades de mandioca recentemente desenvolvidas são comunicadas aos membros não informados do grupo ou da cooperativa.

Rádio

Uma comunidade mais alargada de profissionais da agricultura é fácil e rapidamente alcançada através da utilização da rádio. A rádio é uma boa fonte de informação para os agricultores sobre o desenvolvimento agrícola. Basicamente, a rádio actua como um canal importante para alcançar sobretudo as comunidades rurais cuja ocupação predominante é a agricultura, onde o acesso à Internet ou à imprensa escrita é limitado (Adebayo &Adedoyin, 2022). Estes esforços ajudam a disseminar informação agrícola vital para a população agrícola e outras audiências em várias áreas, tais como boletins meteorológicos, novas tecnologias e preços de mercado. Além disso, alguns programas de rádio prevêem sessões interactivas que permitem aos agricultores fazer perguntas e pedir esclarecimentos sobre determinadas informações a peritos agrícolas, como agentes de extensão, professores universitários, decisores políticos agrícolas e outras partes interessadas relevantes no sector agrícola, com informações vitais que podem melhorar o desempenho agrícola. No seu estudo sobre a utilização das tecnologias da informação e da comunicação e a rentabilidade da piscicultura na zona de Ijebu-Ode do programa de desenvolvimento agrícola, no Estado de Ogun, Oke e Bello (2022) referiram que a rádio era uma das fontes de informação dos agricultores no domínio da agricultura.

Mais interessante é o facto de os programas de rádio usarem frequentemente a língua local na disseminação da informação agrícola, o que permite aos agricultores que não são fluentes em inglês compreenderem o que está a ser comunicado, tornando-os boas fontes de informação agrícola fiáveis (Akambi&Aladesanmi, 2014). Adicionalmente, as estações de rádio oferecem, nalgumas ocasiões, a oportunidade de transmitir informações relacionadas com o mercado agrícola, de modo a permitir que os agricultores tomem decisões informadas sobre o mercado ideal, a melhor época para vender os produtos e a que preço. Com este esforço, a rádio fornece actualizações de mercado à comunidade agrícola para que esta possa tomar decisões informadas. Geralmente, os programas de rádio fornecem informações agrícolas valiosas aos agricultores, que as utilizam como ferramenta de trabalho essencial para aumentar a produção avícola (Adebayo &Adedoyin, 2022).

Empresas de sementes agrícolas

Algumas empresas de sementes agrícolas servem de fonte de informação para os agricultores. Por exemplo, as empresas privadas de sementes na Nigéria produzem e comercializam materiais de plantação de mandioca. As empresas de sementes fornecem aos agricultores informações sobre as caraterísticas das suas variedades de mandioca através de meios de comunicação impressos e electrónicos, tais como panfletos, folhetos, correio eletrónico, meios de comunicação impressos e electrónicos, tais como brochuras e sítios Web, bem como através de comunicação direta com os agricultores. As empresas de sementes de mandioca na Nigéria que fornecem aos agricultores informação adequada e atempada sobre as variedades de mandioca recentemente desenvolvidas são a IITA Go seed e a Umudike seed, localizadas no campus da IITA, em Ibadan, e a NRCRI, em Umudike, no Estado de Abia, respetivamente. Estas empresas asseguram que a informação recente chega atempadamente à sua clientela (agricultores) através de vários meios e plataformas que lhes permitem conhecer as variedades melhoradas de mandioca.

Organização não governamental (ONG)

A maioria das organizações não governamentais fornece aos agricultores informações importantes sobre tecnologias agrícolas, procura de mercado, etc. Através de vários programas e actividades, através de formação e capacitação, tais como workshops, seminários e demonstrações no terreno, as ONG internacionais como a Organização para a Alimentação e Agricultura (FAO), o Programa das Nações Unidas para o Desenvolvimento (PNUD), o Fundo Internacional para o Desenvolvimento Agrícola (FIDA), etc., fornecem aos agricultores informações importantes sobre os recentes desenvolvimentos na agricultura. As ONG nacionais, como a União para o Desenvolvimento dos Agricultores (FADU), a Associação das Mulheres do Programa de Desenvolvimento Agrícola da Nigéria (NAWAD), o Projeto do Serviço de Extensão Rural da Nigéria (NIRESP), etc., também fornecem aos agricultores informações agrícolas relevantes, incluindo tecnologias agrícolas (Faborode&Alao, 2016).

As ONGs também desempenham um papel de intermediário, fazendo a ponte de informação entre as agências governamentais, as instituições de investigação, as universidades e os agricultores. Reúnem informações sobre novas tecnologias agrícolas, preços de mercado, previsões meteorológicas, entre outras. (Faborode e Alao (2016) referem que as ONG fornecem aos agricultores informações sobre preços e condições de mercado, tais como flutuações de preços, procura de mercado e acesso ao mercado, ajudando assim os agricultores a aceder aos mercados e a negociar os preços dos seus produtos. Além disso, as ONG apoiam os grupos vulneráveis, como as mulheres, as crianças, os jovens e os pequenos agricultores, actuando como fonte de informação para estes grupos, a fim de lhes permitir satisfazer as suas necessidades específicas no domínio da agricultura (Farinde & Adisa, 2022).

Exposições agrícolas e tarifas

De tempos a tempos, são organizadas exposições e feiras agrícolas para mostrar antigas e novas tecnologias no sector agrícola. No seu estudo sobre a avaliação do papel da exposição agrícola anual de Kanbuwa na segurança alimentar nacional, Alhassan, Dorh, Epenu, Sanchi, Okpa e Sunday (2021) referiram que os agricultores participam frequentemente neste programa e aprendem sobre novas tecnologias agrícolas, demonstrações de sementes de boas práticas e interagem com especialistas no sector agrícola. Através desta atividade, os participantes partilham informações sobre tecnologias de criação de aves de capoeira para uma tomada de decisões informada.

Comerciantes locais de agro-insumos

Em algumas zonas rurais, os comerciantes de factores de produção agrícola servem de intermediários entre os agricultores e os fornecedores de factores de produção agrícola. Desempenham um papel vital como fonte de informação sobre tecnologias agrícolas para os agricultores. São indivíduos ou entidades empresariais que fornecem insumos agrícolas, tais como rações para aves, medicamentos, vacinas, pesticidas e equipamento para avicultura, entre outros, aos agricultores rurais, especialmente (Oluwaseun&Oladimeje, 2022). Os comerciantes de insumos agrícolas são a melhor e mais fiável unidade de transferência de informação sobre tecnologias agrícolas ao dispor dos agricultores rurais. Fornecem aos agricultores rurais informação relevante e atempada sobre vários aspectos das práticas agrícolas, incluindo novos sistemas de alimentação e rega, informação sobre o mercado, gestão de doenças e pragas, entre outros (Kumar, etal, 2020). Os mesmos autores observaram que, para além de fornecerem insumos aos agricultores, os comerciantes de agro-inputs também divulgam informações sobre as novas raças de aves de capoeira desenvolvidas. Os comerciantes de factores de produção conhecem bem os mercados locais e exercem grande influência sobre vários aspectos dos mercados. Fornecem aos agricultores informações adequadas e atempadas sobre as condições do mercado, no que diz respeito ao preço de mercado das raças de aves de capoeira, novas empresas de rações, entre outras, ajudando-os a tomar decisões adequadas e informadas. Os vendedores de factores de produção actuam como fonte de informação para muitos agricultores durante a interação entre os agricultores e a agência de factores de produção sobre os factores de produção, sendo divulgadas informações vitais à sua clientela (agricultores) sobre melhores recomendações agrícolas. Também aconselharam os agricultores sobre as tecnologias agrícolas a adotar em função das suas necessidades específicas. De acordo com Oluwaseun e Oladimeji (2022), os comerciantes de factores de produção agrícola são frequentemente os primeiros a apresentar aos agricultores novas tecnologias agrícolas, informando-os sobre raças melhoradas de aves de capoeira e outras tecnologias relacionadas com a agricultura.

Televisão

Ao longo do tempo, a televisão, de acordo com Okon (2013), tem servido como instrumento vital de disseminação de informação agrícola. Ele observou que a ferramenta tem sido amplamente utilizada em várias partes do mundo para transferir informações importantes relacionadas com as tecnologias de desenvolvimento agrícola. Na Nigéria, os avicultores têm usufruído do serviço das estações de televisão para acederem a informações sobre as tecnologias agrícolas e a sua utilização. A televisão proporcionou aos avicultores um meio visual para obterem informações sobre tecnologias agrícolas, mostrando inovações, técnicas e práticas avícolas, entre outras. Os avicultores assistem a demonstrações e vêem a aplicação prática de várias tecnologias agrícolas através da televisão, o que melhora a sua compreensão da utilização da tecnologia e a sua subsequente adoção (Nwachukwu, 2022). A televisão permite que a informação agrícola chegue a um público mais vasto, tanto nas zonas rurais como urbanas, colmatando assim o fosso entre os agricultores e os centros de investigação. Através da televisão, os agricultores obtêm informações em tempo real que os ajudam a tomar decisões informadas sobre a origem dos factores de produção, a plantação, a colheita e a venda dos produtos (Agwuetal, 2022). Além disso, tal como a rádio, muitas informações agrícolas são transferidas através de programas televisivos agrícolas transmitidos em línguas e dialectos locais, tornando a informação acessível a uma comunidade mais vasta de agricultores (Akambi&Aladesanmi, 2014). Os agricultores também obtêm informações sobre avicultura na televisão, através da boca de especialistas agrícolas que são apresentados na transmissão televisiva. Além disso, os agricultores obtêm informações sobre o mercado, tais como o preço e a procura de tecnologias agrícolas, incluindo as tecnologias de criação de aves de capoeira. Esta informação ajuda os agricultores a negociar melhores preços para as tecnologias. Os agricultores têm acesso a informações sobre novas tecnologias avícolas e outras tecnologias promovidas pelo governo através de programas de televisão (Farindeet *al,* 2022).

Recursos online

Devido ao rápido avanço dos serviços e do acesso às ferramentas digitais e em linha da Internet, os agricultores têm agora acesso rápido a novas tecnologias agrícolas. Graças a este desenvolvimento, os agricultores podem obter informações rápidas sobre tecnologias avícolas através de plataformas de redes sociais, sítios Web e outros recursos em linha, como o Facebook, o Whatsapp, o Linked in, o YouTube, o Tiktok, o Twitter (nowx) e o Truth, entre outros. Estes recursos e ferramentas online são abordagens emergentes para a divulgação de informações que fornecem um serviço de aconselhamento personalizado aos agricultores (Agwu et al., 2022; Oyinbo et al, 2021). Fornecem aos agricultores pormenores sobre a seleção de tecnologias avícolas, práticas de gestão e oportunidades de mercado que incentivam o aumento da produção.

Colegas agricultores

Os agricultores interagem entre si de várias formas e em várias ocasiões. Na Nigéria, os agricultores são uma fonte crucial de informação agrícola através da sua interação constante com ou sem o seu círculo. Kamanda et al (2022) referiram que os produtores de arroz de Sierreleone partilham entre si informações sobre tecnologias agrícolas. Esta rede de troca de informação desempenha um papel vital na disseminação de informação agrícola sobre tecnologias agrícolas sustentáveis vitais, como variedades melhoradas de mandioca, medidas de biossegurança, gestão integrada de pragas, entre outras. Os agricultores servem como peritos locais para alguns colegas agricultores, fornecendo informações especializadas sobre novas tecnologias agrícolas aos recém-chegados à empresa. Divulgam informação agrícola vital sobre vários aspectos e questões da agricultura aos seus colegas agricultores. Partilham informações sobre variedades de culturas com bom desempenho, incluindo variedades resistentes a pragas e doenças, à seca e a outras condições meteorológicas extremas (Kamanda et al. 2022). Incentivam outros agricultores a adquirir e adotar tecnologias sustentáveis, ao mesmo tempo que fornecem aos seus colegas agricultores informações frequentes sobre as últimas tecnologias sustentáveis. Isto ajuda os agricultores a saber onde, como e quando comprar variedades de culturas recentes e outras tecnologias que se aplicam à sua situação.

Na Nigéria em geral, onde a agricultura contribui significativamente para a economia, o papel dos agricultores como fonte de informação não pode ser negligenciado. Os colegas agricultores são uma fonte crítica de informação agrícola prática. O seu conhecimento e sabedoria colectivos, adaptados às condições locais, complementam os serviços de extensão na disseminação da informação (Nwakwasi, 2013).

Sabe-se que os agricultores partilham informações entre si quando visitam as suas quintas ou casas, e que se envolvem na partilha de informações, transmitindo-as entre si. Desta forma, as informações sobre as tecnologias de criação de aves de capoeira são obtidas de outros agricultores que servem de fonte de informações vitais.

2.2.4 Tecnologias disponíveis para a avicultura

A avicultura tem registado avanços tecnológicos significativos nos últimos anos para melhorar a eficiência, o bem-estar animal e a sustentabilidade. Estas tecnologias tornaram a avicultura mais eficiente, humana e amiga do ambiente, respondendo a alguns dos desafios que o sector enfrenta, como a gestão de doenças, a utilização de recursos e o bem-estar dos animais.

Algumas tecnologias-chave na avicultura incluem (Bello *etal.,* 2022; Manjari, 2021):

Sistemas de alimentação automatizados: Estes sistemas utilizam sensores e mecanismos controlados por computador para distribuir a ração em alturas e quantidades óptimas. Reduzem o desperdício e garantem que as aves recebem a nutrição correta.

Sistemas de rega: Os sistemas de rega automatizados fornecem às aves um abastecimento contínuo de água limpa, promovendo uma melhor saúde e crescimento.

Controlo climático: Os aviários modernos estão equipados com sistemas automatizados de ventilação, aquecimento e arrefecimento. Estas tecnologias mantêm os níveis ideais de temperatura e humidade, garantindo o conforto e a produtividade das aves.

Controlo da iluminação: Os sistemas de iluminação controlada regulam a duração e a intensidade da luz nos aviários. Isto influencia o crescimento, a produção de ovos e o comportamento das aves.

Genética e reprodução: Os programas de seleção genética e de reprodução desenvolveram raças de aves de capoeira com caraterísticas melhoradas, como a resistência a doenças, a produção de ovos e o rendimento da carne. **Monitorização da saúde:** Sensores e ferramentas de análise de dados ajudam os agricultores a monitorizar a saúde dos seus bandos. A deteção precoce de doenças pode evitar surtos e reduzir a necessidade de antibióticos.

Medidas de biossegurança: Protocolos e tecnologias avançadas de biossegurança, como a filtragem do ar e o acesso controlado, ajudam a evitar a introdução e a propagação de doenças.

Gestão de estrume de quintal: Sistemas inovadores convertem os resíduos de aves de capoeira em recursos valiosos, como fertilizantes ou energia, através de processos como a digestão anaeróbia.

Aplicações agrícolas inteligentes: Os agricultores utilizam aplicações móveis e software para acompanhar e gerir os seus rebanhos, incluindo o consumo de ração e água, as taxas de crescimento e os dados de produção.

Nutrição de precisão: A investigação nutricional e o software permitem aos agricultores formular dietas precisas para as suas aves, optimizando o crescimento e minimizando os custos de alimentação.

Sistemas sem gaiolas e ao ar livre: Estes sistemas oferecem condições de vida mais humanas para as aves, muitas vezes com tecnologias automatizadas para alimentação e monitorização.

Práticas sustentáveis: As explorações avícolas adoptam cada vez mais práticas sustentáveis, como a produção de energia solar, para reduzir a sua pegada de carbono.

Cadeia de blocos e rastreabilidade: Alguns produtores de aves de capoeira utilizam a tecnologia da cadeia de blocos para melhorar a rastreabilidade e a transparência na cadeia de abastecimento, o que é importante para a segurança alimentar e a confiança dos consumidores.

2.2.4 Factores que militam contra a utilização de tecnologias avícolas

A utilização de tecnologias na produção avícola é dificultada pela presença de vários factores. A baixa utilização de tecnologias avícolas, especialmente em países de baixo rendimento como a Nigéria, é ainda mais preocupante, apesar do importante papel das tecnologias no reforço e melhoria das produções. A utilização inadequada de tecnologias na avicultura tem vindo a reduzir gravemente a produtividade do subsector avícola. São numerosos os factores que afectam o sector. Estes factores foram identificados por Atala e Issa (2022); Chukwuoneet *al.*(2021) e *Akintobietal* (2019).

Serviço de extensão ineficaz:

Os serviços de extensão agrícola na Nigéria foram considerados ineficazes (*Olurunfemietal*, 2021; Afful, 2016) devido a desafios como o rácio inadequado entre agentes de extensão e agricultores, o orçamento limitado, as instalações logísticas e de transporte deficientes, a ajuda insuficiente, a fraca motivação para a extensão, o fraco know-how técnico em matéria de financiamento, a política de extensão deficiente e a implementação das políticas estabelecidas, a ausência de indicadores de acompanhamento e avaliação, o mecanismo de coordenação de recursos inadequado e as abordagens de extensão inapropriadas (*Olagunjeetal*, 2021); Atala&Issa, 2022).

Mecanismos de fornecimento de tecnologias deficientes

O baixo nível de adoção e utilização de tecnologias pelos agricultores deve-se a um mecanismo de fornecimento inadequado e ineficaz. A maioria das tecnologias não chega aos agricultores e, como tal, são abandonadas nas prateleiras das instituições de investigação e das universidades. Esta é uma situação peculiar nos países em desenvolvimento, incluindo a Nigéria, onde os resultados e recomendações da investigação são menos utilizados na produção agrícola.

Fraco desempenho das tecnologias

Algumas tecnologias lançadas não correspondem às expectativas dos agricultores em termos de desempenho, uma vez que a maioria delas tem um desempenho fraco. Este fraco desempenho de algumas tecnologias avícolas está em grande parte ligado a factores como a inadequação das tecnologias, o fraco conhecimento técnico dos agricultores, a aplicação e utilização incorrectas, o mau estado ou condição de algumas tecnologias, a falta de adequação, entre outros. Este desafio contribui para a baixa utilização das tecnologias avícolas entre os agricultores para a produção de aves de capoeira.

Baixa literacia dos agricultores

A maioria dos avicultores na Nigéria (especialmente nas zonas rurais, onde se encontra a maioria dos agricultores) não são suficientemente alfabetizados, o que constitui um problema importante na utilização de tecnologias. Isto deve-se ao facto de a maioria dos avicultores do país ter um baixo nível de educação. Os agricultores devem ser capazes de ler, escrever e compreender a língua de comunicação (língua inglesa) entre eles e os agentes de extensão, bem como outros durante a interação relativa à utilização das tecnologias.

Pobreza:

A maioria dos agricultores nas zonas rurais da Nigéria são pobres e, como tal, não podem suportar o custo da utilização de certas tecnologias avícolas. Por exemplo, a maioria dos pequenos avicultores, que constituem uma percentagem dos avicultores na Nigéria, em particular, e na África subsariana, em geral, são pobres. Este desafio reduz a utilização de tecnologias na avicultura.

Custo elevado das tecnologias

Embora os agricultores possam obter valor pelos custos incorridos na utilização da tecnologia, a implementação de tecnologias de elevado valor, como o sistema de alimentação automatizado e as aplicações de controlo da temperatura pelos agricultores, parece ser dispendiosa. Um grande número de pequenos agricultores na Nigéria pode ter dificuldades ou não conseguir pagar estas recomendações (Akintobiet *al,* 2019).

Falta de conhecimentos técnicos:

Operar e manter tecnologias de alto perfil exige conhecimento especializado, boa compreensão e habilidades. Os agricultores que não dispõem de recursos para formação podem não ser capazes de utilizar as tecnologias.

Infra-estruturas deficientes:

Muitas tecnologias modernas de criação de aves de capoeira requerem a disponibilidade de eletricidade fiável e de ligação à Internet. Estas infra-estruturas desempenham um papel crucial na utilização de tais tecnologias modernas. As zonas sem estes indicadores de desenvolvimento não encorajarão a utilização destas tecnologias e os agricultores pobres tornar-se-ão impotentes na utilização das tecnologias.

Impacto ambiental:

A utilização de tecnologias que suscitem preocupações ambientais pode ser desencorajada.

As tecnologias com elevado consumo de energia, factores de degradação ambiental, etc., podem ser mal utilizadas na maioria das áreas.

Regulamentos governamentais desfavoráveis:

A utilização de certas tecnologias nas operações agrícolas é limitada por regulamentos governamentais que, nalguns casos, aumentam os custos e a complexidade da aplicação. Por exemplo, a regulamentação governamental relativa à importação de tecnologias pode desencorajar os agricultores de utilizarem essas tecnologias.

2.2.5 Benefícios percebidos da utilização de tecnologias na avicultura.

A utilização de tecnologias na avicultura é vista como benéfica para os agricultores e para o ambiente de produção. Estes benefícios, de acordo com *Enejietal* (2012), incluem

Aumento da eficiência: a utilização de tecnologias na avicultura reduz o tempo e a mão de obra necessários para efetuar a produção avícola. A tecnologia permite aos agricultores racionalizar o processo de criação de aves de capoeira, aumentando assim a eficiência da exploração.

Melhorar a gestão das doenças no bando: A gestão das doenças é uma das actividades mais importantes para aumentar a produção avícola. A utilização de tecnologia na avicultura tem a vantagem de permitir a deteção precoce de doenças, o que, por sua vez, pode levar a uma intervenção rápida e reduzir a mortalidade das aves (*Akintundeetal*, 2015).

Eficiência alimentar melhorada: A formulação da ração e o sistema de alimentação automatizado aumentam a eficiência alimentar. As tecnologias de alimentação de precisão incentivam a utilização dos alimentos e a nutrição, melhorando assim o rácio de conversão alimentar das aves.

Sustentabilidade ambiental: O sistema tradicional de criação de aves de capoeira constitui um sério desafio para o ambiente. Pelo contrário, as tecnologias modernas de criação de aves de capoeira permitem uma melhor gestão dos resíduos de aves de capoeira e reduzem o impacto ambiental da atividade. Por exemplo, a tecnologia de gaiolas em bateria na avicultura desencoraja a sujidade do ambiente com excrementos de aves de capoeira. Além disso, o confinamento das aves em gaiolas em bateria com um sistema de abeberamento especializado reduz a propagação de doenças transportadas pelas aves no ambiente, em comparação com o sistema tradicional de criação ao ar livre, que incentiva a propagação de excrementos e doenças no ambiente. **Maior produtividade:** O principal objetivo da utilização da tecnologia para fins de produção é aumentar a produtividade. O sistema automatizado permite um tratamento consistente do bando, o que gera um aumento da produção avícola. Uma temperatura óptima bem regulada através da utilização de um sistema de controlo da temperatura permite uma temperatura adequada na exploração para um melhor desempenho. Isto deve-se ao facto de as aves terem um melhor desempenho a uma temperatura óptima.

2.3 Literatura empírica

Khadijat, Olaide, Moshood, Ahmed e Moses (2023) investigaram a digitalização do sector avícola na Nigéria: An investigation of farmers' knowledge and practices. O estudo investigou os conhecimentos dos avicultores e o carácter técnico das suas práticas relativamente às tecnologias digitais. Os membros da Associação de Avicultores da Nigéria (PFAN) na capital do Estado de Osun, Osogbo, foram selecionados aleatoriamente durante o seu período de reuniões para a recolha de dados. Através da administração de um questionário bem estruturado, os dados recolhidos de um total de 136 agricultores foram utilizados para o estudo. Os dados recolhidos foram analisados através de análises descritivas e de regressão multi-variada. Muitos (78,7%) tinham poucos conhecimentos sobre a utilização de impressoras 3D para a reparação de máquinas, ao passo que 12,5% tinham bons conhecimentos sobre a tecnologia de cadeia de blocos para o rastreio de produtos na cadeia de abastecimento. A maioria das operações das empresas avícolas era realizada manualmente pelos trabalhadores agrícolas, enquanto apenas 18,4% facilitavam a manutenção de registos com computadores. Os conhecimentos e práticas dos agricultores em matéria de gestão digital das aves de capoeira (R2=0,61,0,59) foram significativamente influenciados pelas caraterísticas da empresa, como a força de trabalho (b=1,97,b=1,09). Em conclusão, a tecnologia e a digitalização são grandes pilares da indústria avícola e isto é defendido dentro dos limites das caraterísticas predominantes das empresas de pequena escala. Assim, a investigação e o desenvolvimento (I&D) devem ser orientados por políticas que permitam a sensibilização e a capacitação dos avicultores com tecnologias digitais localmente adaptadas e socioeconomicamente adequadas. Isto revela a incapacidade de difusão das tecnologias digitais amplamente disponíveis para se infiltrarem nos sistemas avícolas de base.

Salami, Ewulo e Adewole (2021) investigaram a perceção dos agricultores sobre os benefícios da produção avícola no conselho municipal de Abuja, território da capital federal, Nigéria. Este estudo é um inquérito descritivo sobre a perceção dos benefícios da produção avícola e os constrangimentos enfrentados no Conselho Municipal de Abuja (AMAC), território da capital federal, Nigéria. Um total de 133 avicultores foram selecionados aleatoriamente e entrevistados com recurso a um questionário estruturado. questionário. Uma pontuação média de ≥ 2,5 numa escala de tipo Likert de quatro pontos foi considerada um fator importante para os benefícios da produção avícola. Os resultados indicaram que a criação de aves de capoeira promove a redução da pobreza, a melhoria do nível de vida e o aumento do rendimento, conforme evidenciado pelas pontuações médias de 3,86, 4,02 e 3,99, respetivamente. Os inquiridos com uma pontuação média elevada testam que a criação de aves de capoeira ajuda a garantir a segurança alimentar (4,12), reduz a taxa de desemprego e aumenta os produtos internos brutos do país (4,42). Por ordem decrescente de importância, os constrangimentos percebidos na produção avícola foram: surto de doenças (35,55%), alto custo da ração (24,8%), financiamento insuficiente (20,7%), falta de mercado (13,2%), furto de produtos agrícolas (5,8%) e pouca mão de obra (10,7%). Uma vez que se considera que a produção avícola desempenha um papel benéfico na área de estudo, deve ser dada especial atenção ao desenvolvimento de estratégias que reduzam ou eliminem os constrangimentos identificados que podem impedir o crescimento do sector.

Nwozuzu, Nwozuzu e Onyejiuwa (2021) investigaram os constrangimentos percebidos para a adoção de tecnologia avícola melhorada entre os avicultores da zona agrícola de Owerri do Estado de Imo, na Nigéria. O estudo determinou a resposta dos agricultores aos serviços de extensão avícola na zona agrícola de Owerri, no estado de Imo, Nigéria. Os avicultores não conseguiriam atingir o ponto de equilíbrio na sua atividade comercial sem a adoção de técnicas de criação melhoradas. Cento e vinte agricultores foram selecionados aleatoriamente para o estudo e os dados foram analisados com recurso a estatísticas descritivas, tais como percentagem, média, frequência e regressão múltipla a um nível de significância de 0,1 (análise dos quadrados magros ordinários). Os resultados revelaram que a educação era um fator importante que determinava a participação dos agricultores nos programas de extensão. Os jovens agricultores são também mais receptivos aos programas de extensão. Os resultados também revelaram que as suas principais fontes de informação eram os agentes de extensão 2,7 e os colegas agricultores 2,6. Os agricultores também adoptaram a utilização de raças melhoradas, a substituição regular das camas e a vacinação regular das aves, com uma média de 2,8 respetivamente. No entanto, não adoptaram a utilização de raças artificiais. Os principais constrangimentos à adoção de inovações foram o financiamento e o elevado custo dos alimentos para animais. Em recomendação, os agricultores foram encorajados a formar sociedades cooperativas para lhes permitir aceder a empréstimos de instituições financeiras.

Oghenero (2020) investigou a adoção de tecnologias avícolas pelos agricultores da região do Delta do Níger, na Nigéria. O estudo debruçou-se sobre a adoção de tecnologias recomendadas para as aves de capoeira pelos agricultores da região do Delta do Níger, na Nigéria. Avaliou os níveis de adoção de nove itens de tecnologias recomendadas baseadas em aves de capoeira utilizando o método Sigma de adoção e inspeccionou o nível de adoção dos Estados selecionados do Delta do Níger. A população do estudo foi constituída por criadores de aves de capoeira da ADP nos Estados de AkwaIbom, Bayelsa e Delta. A seleção dos agricultores foi feita através de uma combinação de um processo de amostragem em várias fases e de técnicas de amostragem aleatória simples, de modo a obter uma amostra de 90 agricultores. Foi utilizado um questionário dicotómico para obter dados dos inquiridos. Os resultados obtidos mostraram que as práticas recomendadas de criação de aves de capoeira adoptadas nos Estados de AkwaIbom tiveram a pontuação média de adoção mais elevada (4,68), seguida do Delta (4,42) e de Bayelsa (4,08). Os três estados foram classificados num nível médio de adoção, com uma média conjunta de 4,39. O estudo concluiu que as categorias de adoção das nove tecnologias recomendadas eram de nível elevado (0%), médio (55,6%) e baixo (44,5%) em toda a área do Delta do Níger, respetivamente. Recomendou-se que houvesse um aumento das melhores práticas passíveis de serem adoptadas e que os extensionistas realizassem mais sessões de formação para os avicultores.

Ume, Okorokwo, Onwujiariri e Agu (2018) avaliaram a adoção de tecnologias melhoradas de produção de galinhas de aldeia na Área de Governo Local de Ivo do Estado de Ebonyi, na Nigéria. Os objectivos específicos do estudo foram: (i) descrever as caraterísticas socioeconómicas dos agricultores, (ii) avaliar o nível de adoção de tecnologias de produção de galinhas de aldeia pelos agricultores, (iii) identificar as raças de galinhas locais criadas pelos agricultores, (iv) determinar o efeito das caraterísticas socioeconómicas dos agricultores na sua adoção de tecnologias, e (v) identificar os constrangimentos à produção de galinhas de aldeia na área de estudo. Foram utilizadas técnicas de amostragem aleatória propositada e em várias fases para selecionar 100 agricultores para o estudo detalhado. Os dados para este estudo foram recolhidos através de um questionário estruturado e de uma entrevista oral. Foi utilizada uma resposta percentual para atingir os objectivos i, ii, iii e iv e foi utilizada a análise Tobit para abordar o objetivo iv do estudo. Os resultados mostraram que a maioria dos inquiridos era casada, jovem, com um nível de escolaridade razoável e uma boa experiência. O resultado do nível de adoção de tecnologia também mostrou que o alojamento de aves foi o mais adotado pelos agricultores, enquanto o menos adotado foi a utilização de incubadoras artificiais. Além disso, a maioria dos inquiridos criava as suas aves através de um sistema extensivo. Além disso, os factores determinantes para a adoção de tecnologias foram a idade, o nível educacional, a experiência agrícola e o contacto com a extensão. A maior parte dos agricultores da área de estudo criava penas normais, seguidas de penas frisadas e a menor era o pescoço nu. Além disso, a tecnologia demasiado dispendiosa, a informação inadequada sobre a tecnologia de gestão das galinhas da aldeia, o elevado custo das rações e dos concentrados, o fraco acesso à assistência veterinária, o contacto inadequado com a extensão e o elevado custo dos fármacos e dos medicamentos foram alguns dos factores que limitaram a adoção de tecnologias melhoradas de produção de galinhas da aldeia na área de estudo. Foi recomendada a necessidade de aumentar o acesso dos agricultores ao crédito, ao contacto com a extensão e à educação.

Anosike, Rekwot, Owoshagba, Ahmed e Atiku (2018) estudaram os desafios da produção avícola na Nigéria: Este estudo forneceu uma revisão sobre os desafios enfrentados pela produção avícola na Nigéria e a possível solução. O estudo considerou que as funções socioeconómicas das aves de capoeira incluem: meios de subsistência e uma forma de alcançar um certo nível de independência económica, satisfazer as necessidades humanas de fornecimento de proteínas animais na dieta, fonte de receitas estrangeiras e oportunidades de poupança, investimento e segurança contra riscos para os avicultores de pequena escala. Este documento analisou os desafios da produção avícola na Nigéria e a forma como a taxa de produção do sector abrandou. Estes desafios incluíam: elevada taxa de ataques de doenças e pragas, falta de empréstimos e de obtenção de crédito, falta de conhecimentos técnicos, elevada taxa de mortalidade, elevado custo dos alimentos para aves de capoeira, fornecimento de pintos de má qualidade, serviços de extensão avícola inadequados e acesso inadequado a serviços veterinários e elevado custo dos mesmos, tal como referido por As possíveis soluções para estes desafios não são rebuscadas, incluindo a intervenção de veterinários para reduzir as perdas devidas a doenças, o conhecimento técnico para melhorar a produção deve ser disponibilizado aos avicultores através do serviço de extensão, os avicultores devem ser encorajados a formar sociedades cooperativas ou a aderir a uma já existente para poderem aceder a empréstimos para o seu negócio e enfrentar estes desafios será vital para aumentar a produção, aumentar a disponibilidade e o consumo de proteínas animais e reduzir a taxa de insegurança alimentar.

SinghaeZa/ (2016), estudou os factores determinantes da adoção da tecnologia avícola pelos agricultores de aldeias adoptadas e não adoptadas nos Estados do Nordeste da Índia. Este estudo analisou os factores determinantes da adoção de práticas avícolas na região nordeste e foi realizado em 13 distritos KVK selecionados propositadamente na região, com 130 amostras de cada aldeia adoptada e não adoptada, selecionadas através de uma amostragem aleatória proporcional. A recolha de dados junto dos inquiridos selecionados foi feita com a ajuda de um programa estruturado pré-testado através do método de entrevista pessoal. O estudo revelou que a maioria dos inquiridos nas aldeias adoptadas pela KVK tinha um nível médio de adoção de práticas avícolas melhoradas, ao passo que mais de metade do total de inquiridos nas aldeias não adoptadas tinha um nível baixo a médio de adoção das mesmas práticas avícolas. Os inquiridos dos agricultores não beneficiários adoptaram pouco as recomendações específicas das práticas avícolas selecionadas, tais como a criação de aves de capoeira, a incubação e a criação e os cuidados sanitários, como demonstrado pelas pontuações totais correspondentes, em comparação com os agricultores beneficiários. O estudo revela ainda que, das 13 variáveis independentes em estudo, a ocupação principal, as formações recebidas, a exposição aos meios de comunicação social e o contacto com a extensão dos inquiridos têm uma relação positivamente significativa com o grau de adoção das práticas avícolas. Quatro variáveis, nomeadamente, a ocupação principal, a dimensão da exploração agrícola, as formações recebidas e o contacto com a extensão, surgiram como os factores mais dominantes que influenciam os agricultores na adoção de práticas avícolas na região.

Olaniyi, (2013) efectuou um estudo sobre a avaliação da utilização das tecnologias da informação e da comunicação entre os avicultores na Nigéria: um desafio emergente. O estudo avaliou a utilização das TIC entre os avicultores na área da administração local de Afijio do Estado de Oyo, na Nigéria. Foi utilizada uma técnica de amostragem em várias fases para selecionar 120 inquiridos para o estudo. Foi utilizado um programa de entrevistas validado e estruturado para recolher dados dos avicultores selecionados. Os dados recolhidos foram analisados com o auxílio de contagens de frequências, percentagens e média como ferramentas estatísticas descritivas, enquanto a correlação do momento do produto de Pearson foi utilizada como ferramenta estatística inferencial. O resultado da análise mostrou que a maioria (79,2%) dos inquiridos era do sexo masculino, com uma idade média de 48 anos e uma experiência média de 8 anos em avicultura. A rádio, a televisão e o telemóvel pessoal ficaram em 1º, 2º e 3º lugar, respetivamente, como os meios de TIC mais utilizados e acessíveis para receber informações relacionadas com as aves de capoeira. Os conhecimentos técnicos, o fraco fornecimento de energia e o acesso inadequado a alguns dos recursos das TIC são os principais constrangimentos encontrados pelos inquiridos na utilização das TIC na zona. O resultado da Correlação do Momento do Produto de Pearson mostrou que a idade (r=0,480; P,0,05; tamanho do agregado familiar (r=0,437; P<0,05), rendimento anual (r=0,46; P<0,05) e anos passados na escola (r=0,247; P<0,05) apresentaram uma relação positiva e significativa com a utilização das TIC. O estudo recomendou, entre outras coisas, que o governo deveria incentivar a utilização das TIC entre os avicultores da região e da Nigéria em geral, através da sua inclusão no currículo do Programa de Extensão Agrícola dos diferentes estados.

2.4 Resumo da revisão da literatura

Este capítulo analisou a literatura mais importante relacionada com o objeto de estudo. As várias teorias que sustentam o estudo foram avaliadas de forma crítica. No entanto, as seguintes teorias orientaram este trabalho de investigação: Teoria da Ação Fundamentada, Modelo de Aceitação da Tecnologia, Modelo de Aceitação da Tecnologia Melhorada, Teoria da Difusão da Inovação, Teoria Unificada da Aceitação e Utilização da Tecnologia (UTAUT) e a Teoria das Necessidades Básicas. A literatura teórica para este estudo assenta na Teoria da Difusão da Tecnologia. Ainda no âmbito do quadro concetual, foram operacionalizados os seguintes conceitos, que incluem: o conceito de avicultura, a situação e o desenvolvimento do sector avícola na Nigéria, as tecnologias avícolas disponíveis utilizadas na avicultura para aumentar a produção avícola, os benefícios percebidos da utilização de tecnologias avícolas e os desafios que militam contra a utilização de tecnologias avícolas pelos avicultores para aumentar a produção avícola. No entanto, a adoção de tecnologias avícolas para aumentar a produção de aves de capoeira na área da administração local de Yenagoa, no Estado de Bayelsa, ainda não foi realizada. Torna-se necessário um estudo de investigação mais aprofundado sobre a adoção de tecnologias avícolas para o aumento da produção avícola na área da administração local de Yenagoa, no Estado de Bayelsa.

CAPÍTULO 3 : METODOLOGIA

3.1 A área de estudo

A área do estudo foi a Área do Governo Local de Yenegoa (LGA). Yenagoa é uma das LGAs e a capital do Estado de Bayelsa, na Nigéria. Situa-se na parte sul do país, na zona do Delta do Níger, com um ambiente agro-ecológico robusto, situado entre as latitudes 4050'N e 5005'N e as longitudes 6010'E e 6040'E (Uzobo, Ogbanga& Jack, 2014), como mostra o mapa da fig. 3.1. A LGA tem uma área de 706 km^2 e uma população de 352 285 habitantes no censo de 2006. Oborie, Udom e Nwankwoala (2014) explicam ainda que os Ijaws constituem a maioria do estado. O inglês é a língua oficial, mas a língua Epie-Atissa é uma das línguas locais, falada em Yenagoa, e outras como Ekpetiama, Gbarian, Buseni e Zaramaare são dialectos Ijaw em YenagoaLGA (Oborie, Udom&Nwankwoala, 2014). A área é basicamente rural a suburbana, abrangendo uma série de comunidades na Área de Governo Local de Yenagoa do estado de Bayelsa, Nigéria.

Yenagoa está localizada na zona de transição da província hidrogeológica de terras baixas sedimentares costeiras no sul da Nigéria. Os pântanos são planícies de maré vegetadas formadas por um padrão reticulado de riachos meandrantes interligados e afluentes do rio Níger. A área é coberta por uma sucessão espessa de rochas sedimentares. As principais

A atividade principal da população é a agricultura. Devido às suas caraterísticas ecológicas que favorecem a produção de alimentos, os habitantes da zona dedicam-se fortemente à agricultura. As principais actividades agrícolas desenvolvidas na zona incluem a pesca, a produção de mandioca, milho, quiabo, inhame, abóbora canelada, ovelhas, cabras, etc. No entanto, as actividades não agrícolas, como o comércio, o fabrico de canoas, etc., também se desenvolvem muito bem.

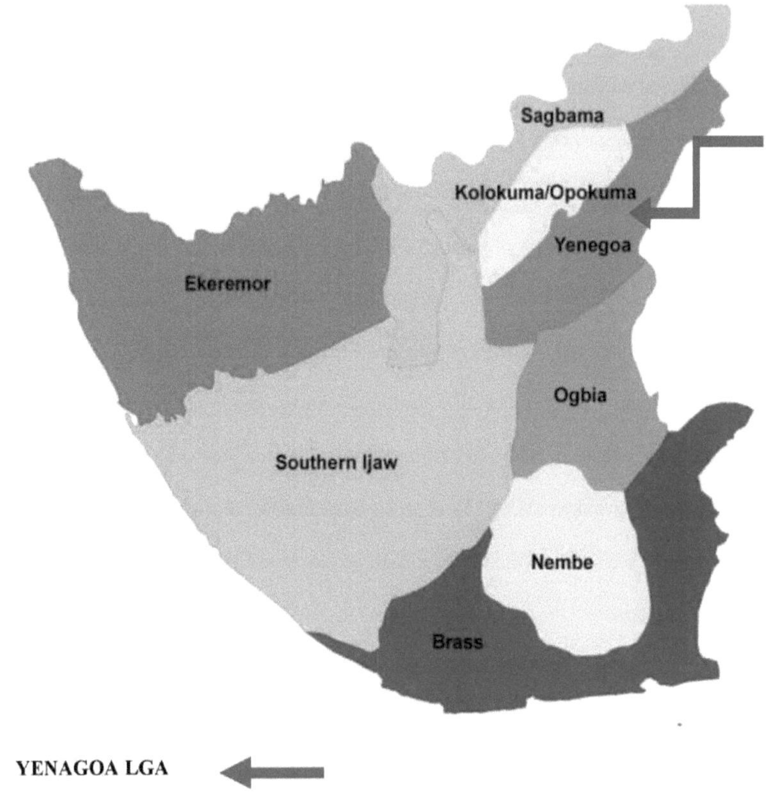

YENAGOA LGA

Fonte: Adaptado de http//nigeriagalleria.com (2022).

Fig 3.1: Mapa do Estado de Bayelsa mostrando Yenagoa LGA

3.2 Conceção da investigação

O estudo adoptou uma conceção descritiva. A conceção descritiva trata da recolha sistemática de factos de um público-alvo ou de uma população. Esta conceção ajudou a determinar a adoção de tecnologias de criação de aves de capoeira para aumentar a produção de aves de capoeira na área da administração local de Yenagoa, no Estado de Bayelsa.

3.3 População do estudo

A população deste estudo incluiu todos os avicultores registados na área do governo local de Yenagoa, no Estado de Bayelsa. Existem trezentos e quarenta e oito (348) avicultores registados na zona de estudo (Government of Bayelsa State of Nigeria, 2022). Por conseguinte, a população do estudo é constituída por 348 avicultores.

3.4 Processo de amostragem e dimensão da amostra

Foi utilizado um processo de amostragem em várias fases. A primeira fase consistiu numa amostragem intencional de avicultores com um número mínimo de 50 aves entre os 348 avicultores registados na área de estudo, o que elevou a população a 302. Em segundo lugar, foi utilizado um processo de amostragem aleatória simples para selecionar 50% da população, o que fez com que os avicultores selecionados fossem 150. Um total de 150 avicultores constituiu a dimensão da amostra para o estudo.

O quadro 3.1 mostra o número de avicultores selecionados em cada uma das comunidades onde os avicultores têm um mínimo de 50 aves.

Quadro 3.1: Dimensão da amostra selecionada para o estudo

S/N	Selected Communities	Population of Poultry Farmers	Selected Poultry Farmers
1	Agudama	30	15
2	Kpansia	29	14
3	Tombia	28	14
4	Opolo	31	15
5	Yenagoa	26	23
6	Okutukutu	22	11
7	Azikoro	34	17
8	Igbogene	24	12
9	Yenegwe	20	10
10	Akenpai	38	19
Total	**10**	**302**	**150**

Source: Ministry of Agriculture
Source: Field Survey

3.5 Métodos de recolha de dados

Para o estudo foram utilizados essencialmente dados primários. O instrumento utilizado para a recolha de dados foi o questionário estruturado. O questionário estruturado foi agrupado em quatro secções: A secção A referia-se às caraterísticas socioeconómicas dos avicultores da zona de estudo. A secção B referia-se ao conhecimento e às fontes de informação sobre as tecnologias avícolas. A secção C referia-se às várias formas de tecnologias avícolas. A secção D tratava dos benefícios percebidos pelos avicultores com a utilização de tecnologias avícolas para aumentar a produção avícola, enquanto a secção E tratava dos factores que militam contra a utilização e a adoção de tecnologias avícolas pelos avicultores para aumentar a produção avícola. Os dados socioeconómicos dos inquiridos incluíam cinco perguntas relativas à idade, ao sexo, ao estado civil e aos anos passados na avicultura. As secções B a D continham perguntas com uma escala de resposta de quatro pontos, com opções de Concordo totalmente (4 pontos); Concordo (3 pontos); Discordo (2 pontos) e Discordo totalmente (1 ponto).

3.5 Validade do instrumento

O instrumento de recolha de dados foi sujeito à validade facial e de conteúdo pelos supervisores. As correcções por eles introduzidas foram harmonizadas e tidas em conta na preparação da versão final do instrumento antes da sua distribuição aos inquiridos.

3.6 Fiabilidade do instrumento

A fiabilidade do instrumento de recolha de dados foi determinada através do método de teste-reteste. Dez (10) cópias do questionário de investigação foram administradas em Kolokuma/ Opokuma Local Government Area, a inquiridos que não faziam parte da investigação. Isto foi feito para determinar a fiabilidade dos instrumentos. Este procedimento foi repetido após duas semanas e os dados foram analisados utilizando a correlação do momento do produto. O teste experimental produziu um valor de 0,75-0,94, que será utilizado para determinar e aceitar a validade do instrumento.

3.7 Método de análise de dados

Os dados recolhidos foram apresentados através de estatísticas descritivas, tais como contagem de frequências, percentagem e gráfico de barras, média e estatísticas inferenciais, tais como regressão simples e Correlação Produto-Momento de Pearson (PPMC), para analisar as hipóteses do estudo. Os objectivos 1, 2 e 3 foram alcançados utilizando a contagem de frequências e a percentagem, enquanto os objectivos 4 a 7 foram alcançados utilizando pontuações médias baseadas numa escala de classificação de 4 pontos e a média do critério foi fixada em 2,50: Os pesos das escalas foram somados e divididos pelo número de escalas, assim:4+3+2+1=10; 10/4= 2,50. X = classificação média wi = peso atribuído à i-ésima respostaxi = frequência observada para a resposta

Modelo de Regressão Linear

O modelo de regressão linear é definido por

Y = (X1, X2, X3, X4 ....,e) (3.1)

Onde:

Y = aumento da produção de aves de capoeira,

X1 = Sexo: Masculino=1, feminino=2

X2 = Idade (anos)

X3 = Estado civil: solteiro =1, casado =2, separado =3, divorciado =4 Viúvo =5

X4 = Dimensão do agregado familiar 1-2 =1, 3-5 =2, 6-8 =3

X5 = Nível de ensino: Sem educação formal =1, Primário =2, Secundário =3, Terciário Educação =4

X6 = Profissão: agricultura =1, comércio =2, função pública =3, trabalhos qualificados=4

X7 = Rendimento mensal líquido: (N)

X8 = Anos de experiência: (anos)

X9 = Fontes de financiamento: Contribuição dos membros =1, ONG =2, Agências doadoras =3

Governo - Federal, Estatal ou Local =4 e = termo de erro

3.8 Medição de variáveis

As variáveis sob investigação foram medidas desta forma:

Objetivo 1: descrever as caraterísticas socioeconómicas dos avicultores da zona de estudo. Este objetivo foi alcançado utilizando as seguintes variáveis;

Sexo: Masculino=1, feminino=2

Idade (anos): 20-30=1, 31-40 = 2, 41-50 =3, mais de 50 =4

Estado civil: solteiro =1, casado =2, separado =3, divorciado =4 Viúvo/viúva =5

Dimensão mais elevada do agregado familiar 1-2 =1, 3-5 =2, 6-8 =3

Nível de ensino: Sem educação formal =1, Primário =2, Secundário =3, Ensino Superior =4

Ocupação secundária: agricultura =1, comércio =2, função pública =3, trabalhos qualificados =4

Anos de criação de aves de capoeira: 1-4 =1, 5-8 =2, 9-12 =3, 13-16 =4, mais de 16 =5

Rendimento mensal líquido: Será pedido aos inquiridos que especifiquem o seu nível de rendimento, pedindo-lhes que indiquem a categoria: Menos de N18,000.00 =1, N18,000.00-27, 900.00 =2, N28,000.00- 37,900.00 =3, N38,000.00 - N48,000.00 =4, mais de 48,000.00 =5.

Fontes de financiamento: Contribuição dos membros =1, ONG =2, Agências doadoras =3

Governo - Federal, Estadual ou Local =4

Objetivo 2: determinar o nível de conhecimento das tecnologias de criação de aves de capoeira. Pediu-se aos inquiridos que assinalassem a opção "Conhecido-Sim" =1, "Não Conhecido-Não" =2.

Objetivo 3: identificar os tipos de tecnologias de criação de aves de capoeira disponíveis na zona de estudo.

Foi pedido aos inquiridos que assinalassem as variáveis, tais como gaiola em bateria, vacinação, hormonas/drogas, gestão, formulação da ração, entre outras: Disponível =1, Não disponível =2

Objetivo 4: examinar o grau de adoção das tecnologias de avicultura disponíveis entre os avicultores da zona de estudo. Pediu-se aos inquiridos que expressassem o seu nível de adoção assinalando as opções nas caixas, utilizando uma escala de classificação de tipo liket de 4 pontos: Totalmente adotado=4,

Moderadamente Adotado =3, Parcialmente Adotado=3, Não Adotado=4. Obtém-se assim uma média de 2,5 que servirá de regra de decisão.

Objetivo 5: Determinar o nível de satisfação dos avicultores da zona de estudo com a adoção das tecnologias avícolas disponíveis. Será pedido aos inquiridos que expressem o seu nível de satisfação assinalando as opções nas caixas, utilizando uma escala de classificação de tipo liket de 4 pontos: Alta satisfação =4, Satisfeito =3, Baixa satisfação =2; e Não Satisfeito=1.

Obtém-se assim uma média de 2,5 que servirá de regra de decisão.

Objetivo 6: determinar os efeitos da adoção de tecnologias avícolas no aumento da produção avícola na zona de estudo. Será pedido aos inquiridos que expressem a sua opinião sobre os efeitos da adoção, assinalando as opções nas caixas, utilizando uma escala de classificação de 4 pontos: Concordo fortemente =4, Concordo =3, Discordo =2, Discordo fortemente =1. Obter-se-á assim uma média de 2,5 que servirá de regra de decisão.

Objetivo 7: determinar os factores que militam contra a utilização/adoção de tecnologias avícolas para aumentar a produção avícola na zona de estudo. Pediu-se aos inquiridos que exprimissem a sua opinião sobre os factores de militância assinalando as opções nas caixas, utilizando uma escala de classificação de 4 pontos do tipo Likert: Grande Fator =4, Fator =3, Menor Fator=2, Não é um Fator =1. Obteve-se assim uma média de 2,5 que serviu de regra de decisão.

CAPÍTULO 4 : RESULTADOS E DISCUSSÃO

4.1 Caraterísticas sócio-económicas dos inquiridos.

O resultado da distribuição dos inquiridos de acordo com as suas caraterísticas socioeconómicas, tais como sexo, idade, estado civil, dimensão do agregado familiar, habilitações literárias, ocupação, rendimento mensal líquido, anos de experiência na avicultura, fontes de financiamento e número de aves, apresentado no Quadro 4.1, mostra que a maioria (54,7%) dos inquiridos eram do sexo feminino, enquanto 45,3% eram do sexo masculino. Isto indica que as mulheres constituem a maioria dos avicultores na área de estudo. Isto deve-se ao facto de as mulheres desempenharem um papel importante na agricultura, que nunca é demais realçar. Este resultado corrobora a posição de Tijani (2022) de que as mulheres em África são as principais e principais produtoras de aves de capoeira e outros animais de criação criados para alimentação e outros produtos industriais. Tal como referido por Rao (2020), as mulheres são responsáveis por até 80% dos alimentos básicos na Nigéria. O envolvimento das mulheres na produção de aves de capoeira é um aspeto importante da transformação agrícola nacional e do desenvolvimento rural global, uma vez que ajuda a fornecer alimentos nutricionalmente ricos que melhoram a nutrição e o sustento da família agrícola (Doss, 2018).

A maioria (42,7%) dos inquiridos tinha entre 41 e 50 anos, 29,3% tinham entre 31 e 40 anos, 16,0% tinham mais de 50 anos e 12,0% tinham entre 20 e 30 anos. A idade média dos inquiridos era de 37 anos. Isto indica que os inquiridos são jovens e activos. Estavam na sua idade produtiva, o que poderia aumentar a produtividade na empresa avícola. Isso ocorre porque pesquisas mostraram que os jovens agricultores estão mais abertos a abraçar o avanço tecnológico, têm melhor acesso a tecnologias e informações devido ao conhecimento de ferramentas digitais e recursos de contorno, exibem mais comportamento de risco e aumentam a transferência de conhecimento tecnológico, entre outros (Garba&Adedoyin, 2022). Além disso, os jovens avicultores apresentam maior vontade de adotar novas tecnologias e inovações na avicultura. A sua capacidade de se adaptarem rapidamente e de experimentarem coisas novas permite e facilita a introdução e a implementação de tecnologias avícolas avançadas no sistema de criação para aumentar a produção avícola. Além disso, os agricultores mais jovens apresentam uma mentalidade empreendedora que promove a capacidade empresarial e aumenta a criação de emprego no sector agrícola. Estas caraterísticas conduzem a um avanço económico e a um aumento das oportunidades nas sociedades agrícolas (Onuekwusi, 2013).

O estado civil, como mostra a Tabela 4.1, mostra que a maioria (51,4%) dos inquiridos era casada, 17,3% eram solteiros, 16,0% eram divorciados, 12,0% eram separados e 3,3% eram viúvos. Isto indica que a maioria dos avicultores da área de estudo estava envolvida na vida familiar e, como tal, estava sobrecarregada com a responsabilidade e o apoio da família. Isto tem o potencial de melhorar a adoção de tecnologias na avicultura, uma vez que incentiva a divisão do trabalho, a partilha de decisões e a oportunidade de reunir maiores recursos financeiros entre o casal num agregado familiar agrícola (Yakubu, Musa, Abubakar&Jabo, 2022). Um maior acesso à força de trabalho promove a adoção de tecnologia, uma vez que permite uma melhor utilização da tecnologia para aumentar a produção avícola. Além disso, sabendo que têm apoio mútuo e um investimento partilhado no sucesso da produção avícola, o casal está mais disposto a aceitar inovações na avicultura, e a partilha de conhecimentos torna-se eminente dentro de um agregado familiar casado sobre tecnologias de produção, levando assim a um processo de tomada de decisões informado no que diz respeito à adoção de tecnologias agrícolas.

A distribuição dos inquiridos de acordo com o seu nível educacional, como mostra a

Tabela 4.1, mostra que (39,3%) tinham educação secundária, 33,3% tinham educação terciária, 24,7% tinham educação não formal e 2,7% apenas tinham educação primária. Isto indica que os avicultores da zona de estudo têm diferentes graus de habilitações literárias e que a maioria (75,3%) dos avicultores da zona de estudo são alfabetizados e, como tal, podem facilmente compreender o manual de tecnologia avícola, obter informações técnicas e tornar-se mais receptivos à adoção de práticas inovadoras. Este resultado está de acordo com o financiamento de Chiekezie, Nwankwo e Ozor (2022), segundo o qual a maioria dos produtores de aves de capoeira de pequena escala no Sudeste da Nigéria são alfabetizados. Isto implica que os inquiridos têm a capacidade de aprender novos conceitos técnicos e de se adaptar à mudança. Isto deve-se ao facto de a educação ser um elemento-chave que facilita e ajuda o processo de aprendizagem das pessoas. Por conseguinte, os agricultores podem adotar prontamente os avanços tecnológicos na produção avícola. Além disso, o estatuto educacional dos agricultores pode ser uma vantagem adicional que lhes permite tomar decisões informadas através da avaliação dos benefícios e dos riscos das tecnologias agrícolas. Isto corrobora ainda mais o relatório de Uzoka (2013), segundo o qual só quando os cidadãos de uma nação são educados é que podem contribuir de forma significativa para o desenvolvimento dessa nação, seja ele tecnológico, científico, económico e educacional, entre outros. A educação dos agricultores tornou-se necessária porque, para que esses agricultores continuem a ser cidadãos produtivos, o indivíduo não só deve aceitar o conceito como deve estar ativamente empenhado no processo de agricultura contínua ao longo da sua vida.

A tabela também mostra que a maioria (54,7%) dos inquiridos tinha um agregado familiar de 4-6 pessoas, 28,0% tinham um agregado familiar com mais de 6 pessoas e 17,3% eram membros de 1-3 pessoas. A dimensão média do agregado familiar dos inquiridos era de

4 pessoas, o que indica que os agricultores tinham, em média, 3 dependentes que comiam juntos da mesma panela e dormiam debaixo do mesmo teto. Isto mostra ainda que, para além do agricultor, outros membros da família podem servir como fonte de trabalho na utilização de tecnologias avícolas. Com esta dimensão média do agregado familiar, os agricultores podem ter a oportunidade de concentrar mais atenção na adoção e implementação de tecnologias avícolas. Além disso, a pequena dimensão do agregado familiar pode moldar o padrão de consumo das famílias e a procura de produtos avícolas, o que pode influenciar a decisão de adoção de tecnologias na avicultura.

De acordo com os resultados, a maioria (32,0%) eram funcionários públicos, 30,0% eram agricultores a tempo parcial, 19,3% eram comerciantes e 18,7% eram trabalhadores qualificados, para além de avicultores. Isto implica que os avicultores da área de estudo, para além da atividade avícola, estão envolvidos noutros empreendimentos geradores de rendimentos (chiekezieet *al,* 2022). Isto pode permitir aos agricultores ter rendimentos mais estáveis e reduzir o risco financeiro associado à adoção de tecnologias. Esta condição pode incentivar os agricultores a investir recursos e esforços na utilização de tecnologias avícolas modernas para aumentar a produção. Além disso, o envolvimento dos avicultores noutras ocupações pode permitir-lhes aplicar técnicas e conhecimentos de outras áreas ou sectores de empreendimentos geradores de rendimentos para melhorar a produtividade da exploração. Além disso, o envolvimento dos avicultores noutras actividades pode funcionar como uma estratégia de atenuação dos riscos. Por exemplo, em caso de desafios ou flutuações na avicultura, o rendimento proveniente de outras fontes pode constituir um apoio que permita aos avicultores absorver potenciais perdas e continuar a investir em tecnologias avícolas.

Além disso, como mostra a Tabela 4.6, a maioria (40,0%) dos inquiridos ganhava entre

N38.000 e N48.000, 18,6% ganhava N28.000 e N37.000, 16,0% ganhava menos de 18.000 e 12,7% ganhava N18.000 a N27.900 e mais de N48.000 como rendimento mensal líquido. O rendimento líquido médio mensal do agricultor era de N34.000. Isto implica que, em média, os avicultores da zona de estudo ganhavam um pouco mais do que o salário mínimo mensal nacional de trinta mil nairas, que foi aprovado pelo governo federal da Nigéria, liderado pelo então Presidente Mohammed Buhari. O quadro mostra também a distribuição dos inquiridos de acordo com os seus anos de experiência agrícola. O quadro mostra que a maioria (30,7%) se dedicava à avicultura há 5-8 anos, 30,0% há 9-12 anos, 24,0% há 13-16 anos, 14,7% há 1-4 anos e 0,7% há mais de 16 anos. A experiência média em avicultura foi de 7 anos. Isto indica que os agricultores tinham experiência na atividade avícola. Isto pode ter levado à acumulação de conhecimentos e à compreensão do ambiente local e podem possuir uma visão das variações climáticas, dos desafios e das doenças prevalecentes que afectam as aves de capoeira na sua região. Este conhecimento é crucial para facilitar a adaptação e a adoção de novas tecnologias adaptadas às necessidades específicas do ambiente local. Esta experiência pode centrar-se na familiaridade com algumas tecnologias e práticas existentes na produção avícola e pode servir de base para a integração de novos avanços, conduzindo a um processo de adoção mais suave.

A distribuição dos inquiridos de acordo com as fontes de financiamento, como se pode ver na Tabela, mostra que a maioria (37,3%) obteve mais fundos através de contribuições dos membros, 27,3% de Organizações Não-Governamentais (ONG), 23,4% de apoio do governo (Federal, Estadual ou Local Government Area, L.G.A) e 12,0% de agências doadoras. Isso implica que a maioria dos avicultores da área de estudo obtém financiamento para suas operações avícolas a partir das contribuições dos membros. Isso permite que os membros reúnam recursos, possibilitando que os avicultores tenham acesso a financiamentos que um avicultor individual poderia ter dificuldade em obter. As contribuições encorajam os membros do grupo a adotar tecnologias modernas de avicultura, incluindo sistemas automatizados de alimentação e de abeberamento, técnicas de reprodução eficientes, melhores equipamentos e práticas de alojamento e de gestão de doenças, para uma melhoria significativa da produção avícola. Além disso, o financiamento através da contribuição dos membros encoraja a tomada de decisões colectivas e a partilha de conhecimentos entre os agricultores. Este mecanismo melhora a disseminação de tecnologia e informação inovadora dentro da rede do grupo, aumentando assim a possibilidade de adoção de tecnologia com sucesso entre os agricultores para aumentar a produção de aves de capoeira.

O quadro mostra que a maioria (36,1%) tinha entre 151-250 aves, 35,3% tinha mais de 350 aves, 17,3% tinha entre 251-350 aves e 11,3% tinha entre 50+150 aves. O número médio de aves detidas pelos agricultores era de 240. Chiekezie et al (2022) referiram que 24,2% dos criadores de frangos de carne em pequena escala no Sudeste da Nigéria tinham mais de 300 aves como tamanho do bando. Esta dimensão do bando permite que os agricultores se submetam a operações de escala moderada que possibilitam a implementação eficiente de certas tecnologias de criação de aves de capoeira. Também facilita a implementação e o controlo da melhoria das tecnologias no sistema de criação de aves de capoeira. Além disso, esta dimensão relativamente pequena do bando pode permitir que os agricultores adoptem tecnologias avançadas de criação de aves de capoeira destinadas a aumentar a produção. Os mecanismos de controlo da temperatura, os sistemas automatizados de alimentação e de abeberamento e as práticas de gestão das doenças, por exemplo, podem ser introduzidos e geridos eficazmente dentro da escala de produção.

Tabela 4.1: Distribuição dos inquiridos de acordo com as suas caraterísticas socioeconómicas

Variables	Category	Frequency(n=150)	Percentage(%)	Mean (X)
Sex	Male	68	45.3	
	Female	82	54.7	
Age(Years)				37years
	20-30	18	12.0	
	31-40	44	29.3	
	41-50	64	42.7	
	Above50	24	16.0	
MaritalStatus				
	Single	26	17.3	
	Married	77	51.4	
	Separated	18	12.0	
	Divorced	24	16.0	
	Widow/Widower	5	3.3	
Householdsize(persons)				5 persons
	1-3	26	17.3	
	4-6	82	54.7	
	Above6	42	28.0	
EducationalAttainment				
	Non-formal	14	9.3	
	Primary	24	16	
	Secondary	60	40	
	Tertiary	52	34.7	
MainOccupation				
	Farming	45	30.0	
	Trading	29	19.3	
	CivilService	48	32.0	
	Skilledworks	28	18.7	
MonthlyIncome(N)				N34,000
	Lessthan30,000	24	16.0	
	18,000-27,900	19	12.7	
	28,000.00-37,900	28	18.6	
	38,000.00-48,000	60	40.0	
	Morethan48,000	19	12.7	
Experience(years)				7years
	1-4	22	14.7	
	5-8	46	30.7	
	9-12	45	30.0	
	13-16	36	24.0	
	Above16	1	0.7	
Sourcesoffund				
	Memberscontribution	56	37.3	
	NGOs	41	27.3	
	Donoragencies	18	12.0	
	Government	35	23.4	
Numberofbirds				220birds
	50-150	17	11.3	
	151-250	54	36.1	
	251-350	26	17.3	
	Above350	53	35.3	

4.2 Sensibilização para as tecnologias de criação de aves de capoeira

O conhecimento dos inquiridos sobre as tecnologias de criação de aves de capoeira é apresentado no Quadro 4.2. De acordo com os resultados, a maioria (84%) dos inquiridos conhecia o sistema de alimentação automatizado, que ocupava o primeiro lugar, cerca de metade (50,7%) conhecia o sistema de monitorização da saúde, 46% conhecia a genética e a reprodução e a biossegurança, 39.3% conheciam a tecnologia de controlo do clima, 38,7% conheciam o padrão de criação em gaiolas e ao ar livre, 36,0% conheciam a tecnologia de controlo da iluminação, 30,7% conheciam a tecnologia de cadeia de blocos e rastreabilidade, 25,3% conheciam a gestão do estrume e 21,3% conheciam a nutrição de precisão, que ocupava o 2º ao 10º lugar, respetivamente. Isto implica que alguns dos inquiridos têm conhecimento de algumas tecnologias de criação de aves de capoeira, enquanto outros não têm. Isto está de acordo com as conclusões de Olumade, Adesanya, Fred-Akintunwa, Babalola et al (2020) e Bello et al. (2022), segundo as quais, embora os agricultores do sector avícola conheçam algumas tecnologias avícolas, outros não as conhecem.

Tabela 4.2: Distribuição dos inquiridos de acordo com o seu conhecimento das tecnologias de criação de aves de capoeira

Poultry farming technologies	Frequency(n=150)	percentage (%)	Ranking
Automated Feeding System	126	84.0	1st
Watering System	48	32	7th
Climate Control	59	39.3	4th
Lightning Control	54	36.0	6th
Genetics and Breeding	69	46.0	3rd
Health monitoring	76	50.7	2nd
Bio-Security	69	46.0	3rd
Manure Management	38	25.3	9th
Smart Farming App	32	21.3	10
Precision Nutrition	32	21.3	10th
Block Chain and Traceability	46	30.7	8th
Cage Free and Free range system	58	38.7	5th

Source: Field survey data, 2023. **Multiple responses**

4.2.1: Fontes de informação sobre tecnologias de criação de aves na área de estudo

As fontes de informação dos inquiridos sobre as tecnologias de avicultura são apresentadas no Quadro 4.2.2. De acordo com o resultado, os inquiridos concordaram que as suas fontes de informação sobre tecnologias de avicultura são a rádio (x=3,41), a associação de agricultores (x=3,39), a televisão (x=3,31), colegas agricultores (x=3,21), revendedores de insumos (x=3,11), recursos online (x=3,01), ONGs (x=2,99) e exposições/feiras agrícolas (x=2,74). Por outro lado, os inquiridos não obtêm informações de instituições académicas/de investigação (x=2,39) e de empresas de sementes agrícolas (x=2,19). No geral, a média geral (x=3,00) confirmou que os inquiridos obtêm informações sobre tecnologias avícolas de diferentes fontes para aumentar a produção avícola. Este resultado corrobora ainda mais o relatório de Bello et al. (2022), segundo o qual os avicultores do Estado de Kano, na Nigéria, obtêm informações sobre práticas de biossegurança contra doenças infecciosas na produção avícola a partir de fontes online, meios de comunicação social (rádio, televisão, jornais, etc.), colegas agricultores, serviços de extensão e associações de agricultores, entre outros. A obtenção de informação sobre tecnologias avícolas a partir de diferentes fontes ajuda os avicultores a gerir os riscos e a reduzir as hipóteses de adotar práticas desactualizadas. Infelizmente, confiar numa única fonte de informação sobre as tecnologias avícolas é muitas vezes arriscado, especialmente se a única fonte for imprecisa

Information Sources	Sum	Mean (x)	Remark
Agricultural Extension Agents	486	3.24	Agreed
Academic/research institutions	359	2.39	Disagree
Farmers'association	509	3.39	Agree
Radio	511	3.41	Agree
Agro seed companies	328	2.19	Disagree

NGO	448	2.99	Agree
Agric show/fare	411	2.74	Agree
Input dealer	467	3.11	Agree
Television	497	3.31	Agree
Online	452	3.01	Agree
Fellow farmers	481	3.20	Agree
Grand mean		**3.00**	

4.3 Tipos de tecnologias de criação de aves de capoeira disponíveis na área da administração local de Yenagoa, Estado de Bayelsa

As tecnologias de criação de aves de capoeira disponíveis na área de estudo, tal como identificadas pelos inquiridos, são apresentadas na Tabela 4.3. Os resultados mostram que a maioria (78,7%) dos inquiridos indicou que o sistema de abeberamento ocupa o 1.º lugar, seguido da nutrição de precisão (50,7%), do sistema de controlo da iluminação, da biossegurança, da gestão do estrume, do sistema de monitorização da saúde, do sistema de alimentação automatizado, da aplicação agrícola inteligente, do mecanismo de controlo do clima, do sistema de criação em gaiolas e ao ar livre, do sistema de genética e reprodução e do mecanismo de cadeia de blocos e rastreabilidade, que ocupam o 2. Isto implica que as tecnologias de avicultura estão disponíveis na zona de estudo e que os agricultores utilizam uma ou outra tecnologia de avicultura. Este resultado confirmou o relatório de Olaniyi, Adesiyan e Ayoade (2017), segundo o qual as tecnologias de produção avícola estão disponíveis para utilização entre os avicultores do Estado de Oyo, na Nigéria. A disponibilidade e o acesso a tecnologias de produção avícola são essenciais para o aumento da produção avícola, uma vez que aumentam a eficiência, a produtividade e a rentabilidade global da atividade avícola. A adoção destas tecnologias de produção avícola, que incluem sistemas automatizados de abeberamento e alimentação, biossegurança, melhoramentos genéticos e reprodutivos, gestão eficiente do estrume, entre outros, promete um aumento da produção, um custo ótimo e uma melhor qualidade do produto. O uso de medidas de biossegurança, por exemplo, tem sido relatado para reduzir o surto de doenças, minimizar as perdas, garantir um rebanho mais saudável e aumentar o rendimento dos agricultores (Bello, Abdulrahaman, Kayode, Busari&Koloche, 2022). De acordo com a Organização das Nações Unidas para a Alimentação e a Agricultura (FAO, 2016), a biossegurança é considerada a única solução sustentável para reduzir os efeitos negativos das doenças infecciosas nas aves de capoeira. Além disso, as inovações genéticas e de reprodução podem contribuir para o desenvolvimento de raças de aves mais robustas e resistentes a doenças, aumentando assim a produtividade na indústria avícola.

Tabela 4.3: Distribuição dos inquiridos de acordo com o tipo de tecnologias de avicultura disponíveis

S/N	Types	Frequency (n=150)	Percentage (%)	Ranking
	Automated Feeding System	58	38.7	6th
	Watering System	118	78.7	1st
	Climate Control	47	31.3	8th
	Lightning Control	73	48.7	3rd
	Genetics and Breeding	45	30.0	9th
	Health monitoring	64	42.7	5th
	Bio-Security	71	47.3	4th
	Manure Management	67	44.7	5th
	Smart Farming App	49	32.7	7th
	Precision Nutrition	76	50.7	2rd
	Block Chain and Traceability	34	22.7	10th
	Cage Free and Free range system	47	31.3	8th

Source: Field survey data, 2023Multipleresponse

4.4 Grau de adoção de tecnologias de avicultura na área de estudo

O grau de adoção de tecnologia avícola pelos inquiridos é apresentado no Quadro 4.4. De acordo com o quadro, o sistema automatizado de alimentação e abeberamento (=3,02) e os sistemas de criação em gaiolas e ao ar livre (x=2,08) foram adoptados em grande medida pelos avicultores. Por outro lado, a biossegurança (=2,36), a monitorização da saúde (=2,35), o sistema de controlo climático de rastreabilidade da cadeia de blocos (2,21), a aplicação de agricultura inteligente (=2,19), a genética e a criação (, o controlo da iluminação (), a gestão () e a nutrição de precisão () foram pouco adoptados. Este resultado indicou que as tecnologias modernas de criação de aves de capoeira foram pouco adoptadas pelos avicultores da área de estudo. Este facto é confirmado pela média geral (x=2,34). Bello et al. (2022) também constataram que a biossegurança, enquanto tecnologia avícola, era pouco adoptada pelos avicultores do Estado de Kano, na Nigéria. Ebong e Mwesigwa (2021), no seu estudo sobre o exame das realidades da avicultura como facilitadores da agricultura inteligente na cidade de Lira, no centro-norte do

Uganda, relataram uma fraca adoção de tecnologias avícolas entre os avicultores da zona. Esta situação pode limitar o potencial de aumento da produção avícola. Os agricultores que não utilizam nem adoptam tecnologias de avicultura, como o sistema de gestão de doenças e de estrume, a iluminação e o controlo do clima, a genética melhorada e as técnicas de reprodução, entre outras, têm maior tendência para registar um rendimento mais baixo, um custo de produção mais elevado e uma eficiência reduzida. Além disso, os agricultores que não adoptam a aplicação "smart farmer", por exemplo, podem ser vulneráveis às flutuações do mercado. Isso ocorre porque, de acordo com Agwu, Ifeonu, Nwobodo, Anugwa e Okoro (2022), o aplicativo de agricultura inteligente ajuda os agricultores a obter informações sobre o acesso ao mercado e a tomar melhores decisões de engajamento agrícola. Esse aplicativo de agricultura inteligente inclui fazendas probit, compare o mercado, agro-data, voguepay e relief Ng.

Tabela 4:4: Distribuição dos inquiridos de acordo com o grau de adoção das tecnologias de avicultura

Poultry Farming Tech	Sum		Remark
Automated Feeding System	453	3.02	High extent
Watering System	453	3.02	High extent
Climate Control	331	2.21	Low extent
Lightning Control	298	1.99	Low extent
Genetics and Breeding	318	2.12	Low extent
Health monitoring	352	2.35	Low extent
Bio-Security	354	2.36	Low extent
Manure Management	292	1.95	Low extent
Smart Farming App	328	2.19	Low extent
Precision Nutrition	380	1.87	Low extent
Block Chain and Traceability	342	2.28	Low extent
Cage Free and Free range system	402	2.68	High extent
Grand mean		**2.34**	

Source: field survey (2023). x> 2.50 = high adoption, x < 2.50 = low adoption

4.5 Nível de satisfação com a adoção de tecnologias de produção avícola

O nível de satisfação dos avicultores com a utilização de tecnologias de produção avícola é apresentado na tabela 4.5. De acordo com a tabela, os inquiridos estavam muito satisfeitos com o sistema automatizado de alimentação e abeberamento, a biossegurança (), a gestão do estrume () e o sistema de criação livre e sem gaiolas (). Pelo contrário, os avicultores da área de estudo obtiveram baixa satisfação com a utilização da aplicação agrícola inteligente (), o controlo climático (), o sistema de monitorização da saúde (), a técnica genética e de reprodução (), o controlo da iluminação (), a cadeia de blocos e a rastreabilidade () e a nutrição de precisão (). A média geral indicou que os inquiridos obtiveram uma elevada satisfação com a adoção de tecnologias de produção avícola nas suas explorações avícolas (x=2,54). Esta condição pode incentivar a adoção de técnicas inovadoras entre os avicultores, o que poderia garantir um aumento da produção.

Evidentemente, se os avicultores descobrirem que as tecnologias implementadas estão a gerar os resultados esperados ou prometidos, podem continuar a utilizar essas tecnologias. Em resultado dessa motivação na utilização da tecnologia, a produção de produtos avícolas aumentará. Além disso, quando os agricultores se sentem satisfeitos com as tecnologias que utilizam nas suas actividades agrícolas, aumentam o seu potencial para melhorar a produção, aumentar a eficiência, reduzir os custos e, em última análise, melhorar os meios de subsistência.

Tabela 4.5: Distribuição dos inquiridos de acordo com o nível de satisfação com a adoção de tecnologias de produção avícola

S/N	Poultry Farming Tech	Sum	Mean	Remark
1.	Automated Feeding System	441	2.94	High Satisfaction
2.	Watering System	444	2.95	High Satisfaction
3.	Climate Control	358	2.39	Low Satisfaction
4.	Lightning Control	346	2.27	Low Satisfaction
5.	Genetics and Breeding	342	2.28	Low Satisfaction
6.	Health monitoring	350	2.33	Low Satisfaction
7.	Bio-Security	373	2.50	High Satisfaction
8.	Manure Management	313	2.87	High Satisfaction
9.	Smart Farming App	366	2.44	Low Satisfaction
10.	Precision Nutrition	287	1.91	Low Satisfaction
11.	Block Chain and Traceability	336	2.24	Low Satisfaction
12.	Cage Free and Free range system	501	3.34	High Satisfaction
	Grand mean		**2.54**	**High Satisfaction**

Source: Field Survey data, 2023; = satisfactory, x < 2.5 = less satisfactory

4.6 Benefícios percebidos da adoção de tecnologias avícolas

A partir da tabela 4.6, os inquiridos perceberam que a utilização de tecnologias de avicultura aumenta a eficiência na exploração (), melhora o bem-estar dos animais ou das aves (), melhora a biossegurança (), melhora o controlo de doenças (), ajuda na tomada de decisões com base em dados (), melhora a gestão óptima da nutrição (, contribui para o aumento da produção e da produtividade () e aumenta a escalabilidade e a rentabilidade (). A média geral indicou que os inquiridos beneficiaram com a adoção de tecnologias de produção avícola (x= 3,07). Isto implica que a adoção de tecnologias de criação de aves de capoeira serve um propósito crucial na criação de aves de capoeira na área de estudo. Este resultado corrobora o relatório de Ojo, Ogumbiyi e Ojo (2018), segundo o qual os agricultores retiram vários benefícios da adoção de tecnologias de avicultura no Estado de Oyo, na Nigéria. A adoção de tecnologias na avicultura melhora o bem-estar dos agricultores em todas as ramificações, uma vez que aumenta a produção avícola. Este aumento da produção, ao mesmo tempo que satisfaz as exigências dos consumidores, contribui também para a segurança alimentar e o desenvolvimento económico da indústria avícola. Além disso, a adoção de tecnologias avícolas aumenta a eficiência e reduz o desperdício de recursos, conduzindo assim a maiores poupanças para os agricultores (Ifenkwe, 2013).

Tabela 4.6: Distribuição dos inquiridos de acordo com a perceção dos benefícios da utilização de tecnologias de criação de aves de capoeira

S/N	Benefits of Using Poultry Farming Technologies	Sum	Mean	Remark
1.	It enhanced efficiency	479	3.19	Agreed
2.	Improved disease control	459	3.06	Agreed
3.	Optimal nutrition management	453	3.02	Agreed
4.	Data driven decision making	454	3.03	Agreed
5.	Enhanced bio-security	461	3.07	Agreed
6.	Improves animal welfare	465	3.10	Agreed
7.	Scalability and profitability	451	3.01	Agreed
8.	Contribute to increase production	45	3.05	Agreed
	Grand mean		**3.07**	

Source: Field Survey Data, 2023 Mean score:≥ 2.50 = agreed; < 2.50 = disagree

4.7 Factores que militam contra o uso de tecnologias agrícolas na área de estudo.

Os factores que militam contra a utilização de tecnologias de avicultura pelos inquiridos são apresentados na tabela 4.7. A partir da tabela, todos os factores listados militam contra a adoção de tecnologias de avicultura na área de estudo. Estes incluem: falta de conhecimentos técnicos (), acesso limitado ao financiamento (), limitações infra-estruturais, (), fornecimento irregular de energia (), custo elevado de investimento (), abastecimento inadequado de água (), fraco desempenho das tecnologias (x=3,21), rede rodoviária deficiente (x=3,20), falta de sensibilização e de conhecimentos (x=3,15), resistência à mudança () e custos de manutenção e operacionais (). A média geral de 3,26 confirmou este facto. Isto indica que os avicultores são confrontados com vários factores de constrangimento na adoção de tecnologias agrícolas nas suas explorações. Este resultado corrobora a afirmação de Bello et al (2022) de que vários factores, incluindo o financiamento, o custo elevado, as infra-estruturas deficientes, os conhecimentos deficientes, a perceção sociológica, entre outros, constituíam constrangimentos à utilização de práticas de biossegurança contra doenças infecciosas das aves de capoeira.

Além disso, Atala e Issa (2022) referiram que a causa da baixa adoção de tecnologias incluía outras questões, como o fraco desempenho das tecnologias, infra-estruturas básicas inadequadas, como água, eletricidade, rede rodoviária e conhecimentos técnicos inadequados, entre outras.

Tabela 4.7: Distribuição dos inquiridos de acordo com os factores que militam contra a utilização de tecnologias de avicultura

Militating Factors	**Sum**	Mean
Lack of awareness and knowledge	472	3.15
High investment cost	502	3.35
Limited access to finance	518	3.45
Lack of technical expertise	523	3.49
Infrastructure limitations	517	3.45
Resistance to change	471	3.14
Maintenance and operational cost	448	2.99
Erratic power supply	507	3.38
Poor road network	480	3.20
Lack of water supply	497	3.31
Inefficient exit service laundry	452	3.01
Poor performance of technologies	481	3.21
Grand mean		**3.26**

Source: Field Survey data, 2023 Mean ≥ 2.5 = Agreed; < 2.50 = Disagree

4.8 Teste da hipótese

Hoi: Não existe uma relação significativa entre as caraterísticas socioeconómicas das aves de capoeira

agricultores e adoção de tecnologias de avicultura para aumentar a produção de aves de capoeira na área de estudo

O resultado da Tabela 4.8 destaca o coeficiente da relação entre as caraterísticas socioeconómicas dos inquiridos e a adoção de tecnologias avícolas para aumentar a produção avícola na área de estudo. O quadro mostra que o coeficiente da relação entre as caraterísticas socioeconómicas dos agricultores e a sua adoção de tecnologias avícolas na área de estudo é de 0,353. O valor do R-quadrado (R^2) é de 0,124, o que indica que as caraterísticas socioeconómicas dos agricultores são responsáveis por cerca de 12,4% da variabilidade na adoção de tecnologias avícolas pelos agricultores na área de estudo, o que significa que os restantes 87,4% da adoção de tecnologias avícolas pelos agricultores na área de estudo são explicados por outras variáveis não incluídas no modelo. O valor F de 1,972, como mostra a tabela 4.8, é superior ao nível de significância estabelecido de 0,05. Por conseguinte, a hipótese nula será aceite. Ou seja, não há relação significativa entre as caraterísticas socioeconómicas dos inquiridos e a sua adoção de tecnologias de criação de aves de capoeira (F-Significância = 0,41). Isto indica que as caraterísticas socioeconómicas dos avicultores da área de estudo não influenciam significativamente a adoção de tecnologias avícolas.

No entanto, a dimensão do agregado familiar dos agricultores (0,042) e a ocupação secundária (0,017) estão significativamente relacionadas com a adoção de tecnologias de criação de aves de capoeira, enquanto o sexo (0,579), a idade (0,828), o estado civil (0,435), o nível de escolaridade (0,220), o rendimento (0,105), a experiência de criação de aves de capoeira (0,231), a fonte de financiamento (0,260) e o número de aves (0,644) não estão significativamente relacionados.

Quadro 4.8: Resumo da análise de regressão sobre a relação entre as caraterísticas socioeconómicas dos avicultores e a adoção de tecnologias de criação de aves de capoeira na área de estudo.

Coefficients[a]

Model		UnstandardizedCoefficients		StandardizedCoefficients	t	Sig.	95.0%ConfidenceIntervalforB	
		B	Std.Error	Beta			LowerBound	UpperBound
1	(Constant)	2.266	.273		8.315	.000	1.727	2.805
	Sex	.039	.071	.047	.556	.579	-.101	.180
	Age	-.011	.049	-.023	-.218	.828	-.107	.085
	M.status	-.031	.039	-.077	-.783	.435	-.109	.047
	Hhsize	-.112	.055	-.177	-2.048	.042	-.221	-.004
	Edu.quali	.050	.040	.111	1.231	.220	-.030	.130
	Occupation	.077	.032	.200	2.413	.017	.014	.140
	Income	-.050	.031	-.152	-1.631	.105	-.111	.011
	Exp	.046	.038	.112	1.202	.231	-.030	.122
	source.fund	-.036	.032	-.102	-1.131	.260	-.099	.027
	Numberofbirds	.016	.035	.040	.464	.644	-.052	.084

Rsquare(R^2)0.124

F-value.1.972

HO2: Existe uma relação significativa entre a sensibilização dos avicultores e a adoção de tecnologias de avicultura para aumentar a produção avícola na área de estudo.

A Tabela 4.9 mostra o resultado da correlação entre o conhecimento dos inquiridos e a adoção de tecnologias avícolas para aumentar a produção avícola na área de estudo. A partir da Tabela 4.9, a tabela revelou um valor de coeficiente de correlação de 0,013, que é baixo e positivo. No entanto, a partir da tabela de valores críticos de Pearson, r ao nível de significância de 0,05 e grau de liberdade (df) de 10, o valor tabelado de r é 0,576, que é superior ao coeficiente de correlação (0,013) e, como tal, a hipótese nula é aceite. Ou seja, não existe uma relação significativa entre a sensibilização dos avicultores e a adoção de tecnologias avícolas para aumentar a produção avícola na área de estudo. Isto implica que o conhecimento dos avicultores sobre as tecnologias avícolas não influencia a sua adoção. Esta situação pode dever-se à presença de outras barreiras, incluindo o acesso limitado dos agricultores aos recursos necessários para adquirir e implementar as tecnologias, o ceticismo em relação à adequação das tecnologias ao ambiente local e aos benefícios esperados, o fraco apoio e formação sobre a utilização eficaz das tecnologias e a preferência dos agricultores por ferramentas, infra-estruturas, equipamentos e métodos tradicionais decorrentes da perceção de menor risco e familiaridade, apesar da consciência dos agricultores da existência e dos benefícios percebidos das tecnologias (Bello *et al,* 2022).

Tabela 4.9: Resultado da correlação entre o conhecimento do inquirido e a adoção de tecnologia avícola para aumentar a produção.

Correlations

		Awareness	Adoption
Awareness	Pearson Correlation	1	.013
	Sig. (2-tailed)		.873
	N	150	150
Adoption	Pearson Correlation	.013	1
	Sig. (2-tailed)	.873	
	N	150	150

H_{03}:Não existe uma relação significativa entre as fontes de informação dos agricultores e a adoção de tecnologias avícolas para o aumento da produção avícola na área de estudo. A Tabela 4.10 mostra o resultado da correlação entre as fontes de informação dos inquiridos e a adoção de tecnologias avícolas para aumentar a produção avícola na área de estudo. A tabela mostra um valor do coeficiente de correlação de -0,011, que é baixo e negativo. Com um nível de significância de 0,05 e um grau de liberdade (df) de 10, ao olhar para a tabela de valores críticos do r de Pearson, o valor tabelado de r é 0,576, que é superior ao coeficiente de correlação (0,011) e, como tal, a hipótese nula é aceite. Ou seja, não existe uma relação significativa entre as fontes de informação dos avicultores inquiridos e a adoção de tecnologias avícolas para aumentar a produção avícola na área de estudo. Isto implica que as fontes de informação dos avicultores sobre as tecnologias avícolas não influenciam significativamente a adoção das tecnologias. As fontes de informação podem não influenciar significativamente a adoção de tecnologias. No seu estudo sobre os factores socioeconómicos determinantes da adoção das variedades melhoradas de mandioca TME 419 e UMUCASS 38 na zona governamental local de Ajaokuta, no Estado de Kogi, na Nigéria, Ojeleye referiu que a idade, a experiência agrícola, o sexo, o nível de instrução, o nível de rendimento e não as fontes de informação influenciam significativamente a adoção de tecnologias. Esta situação, em que as fontes de informação dos agricultores sobre tecnologias avícolas não influenciam significativamente a adoção de tecnologias, pode dever-se a vários factores, como a viabilidade económica, a dinâmica social e o acesso a recursos, entre outros. Estas variáveis desempenham um papel vital na decisão de adoção e não as fontes de informação.

Quadro 4.10: Resultado da correlação entre as fontes de informação dos inquiridos e a adoção de tecnologia avícola para aumentar a produção.

Correlations

		Sources of informatio n	Adoptio n
Sourcesofinforma tion	PearsonCorrelati on	1	-.011
	Sig.(2-tailed)		.895
	N	150	150
Adoption	PearsonCorrelati on	-.011	1
	Sig.(2-tailed)	.895	
	N	150	150

CAPÍTULO 5: CONCLUSÃO E RECOMENDAÇÕES

5.1 Conclusão

Os avicultores da área de estudo estão cientes das tecnologias de criação de aves de capoeira para aumentar a produção avícola. As tecnologias disponíveis são sistemas automatizados de alimentação e abeberamento, sistemas de controlo do clima e dos raios, genética e reprodução, monitorização da saúde, biossegurança, gestão do estrume, aplicações agrícolas inteligentes, nutrição de precisão, cadeia de blocos e rastreabilidade e sistemas de criação em gaiolas e ao ar livre. As fontes de informação dos agricultores sobre estas tecnologias foram os agentes de extensão, a rádio, as associações de agricultores, os colegas agricultores, as fontes em linha, a televisão, as feiras agrícolas e os comerciantes de factores de produção. No entanto, o sistema de alimentação automatizado, o sistema de rega e o sistema de criação em gaiolas e ao ar livre foram adoptados com grande satisfação. A utilização e a adoção destas tecnologias contribuíram para o aumento da eficiência, o controlo das doenças, a gestão optimizada da nutrição, a tomada de decisões com base em dados, a biossegurança, o bem-estar dos animais, a escalabilidade e a rentabilidade, bem como para o aumento da produção avícola. No entanto, a adoção destas tecnologias deparou-se com alguns factores militantes, tais como a falta de sensibilização e de conhecimentos, o elevado custo do investimento, o acesso limitado ao financiamento, a falta de competências técnicas, as limitações em termos de infra-estruturas, a resistência à mudança, os custos de manutenção e de funcionamento, o fornecimento irregular de energia, a rede rodoviária deficiente, a falta de abastecimento de água e o fraco desempenho das tecnologias. Verificou-se uma relação entre algumas caraterísticas socioeconómicas, como a dimensão do agregado familiar e a ocupação, na adoção de tecnologias de criação de aves de capoeira. Também houve uma relação entre a sensibilização e a adoção de tecnologias avícolas, mas não foi significativa. Além disso, as fontes de informação dos inquiridos sobre as tecnologias avícolas não influenciam significativamente a adoção das tecnologias.

5.2 Recomendação

Com base nas conclusões, recomenda-se o seguinte:

i. Deve ser criada e aumentada uma maior sensibilização para as tecnologias de criação de aves de capoeira através de campanhas de sensibilização e de esclarecimento do público por parte de grupos de criadores de aves de capoeira e de outras partes interessadas.

ii. É necessário que as tecnologias avícolas sejam postas à disposição dos agricultores por grupos de avicultores e indivíduos filantrópicos para utilização e posterior adoção.

iii. A utilização apropriada e adequada da tecnologia avícola deve ser encorajada pelos líderes locais e outras organizações comunitárias para melhorar a adoção de tecnologia pelos avicultores na área de estudo.

iv. Os agricultores devem incentivar a utilização adequada e eficiente das tecnologias de criação de aves de capoeira, de modo a obterem a satisfação e os benefícios necessários associados à utilização dessas tecnologias

v. As organizações corporativas e os grupos locais devem estabelecer parcerias com os agricultores para reunir fontes para superar os factores que militam contra a adoção da tecnologia avícola entre os agricultores da área de estudo.

5.3 Contribuição para o conhecimento

O estudo acrescentou ou contribuiu para o conhecimento nos seguintes domínios:

i. Nível de sensibilização dos avicultores para as tecnologias de criação de aves de capoeira na zona de estudo

ii. Algumas tecnologias de criação de aves de capoeira disponíveis na zona de estudo

iii. Os avicultores da zona de estudo adoptaram a maioria das tecnologias de criação de aves de capoeira

Espera-se que este estudo, através dos conhecimentos adquiridos, seja capaz de colmatar a lacuna identificada no corpo de conhecimentos.

5.4 Sugestões para estudos futuros.

Este estudo limitou-se a avaliar a adoção de tecnologias avícolas para aumentar a produção de aves de capoeira em Yenagoa LGA, Estado de Bayelsa. Outras investigações devem centrar-se na adoção de tecnologias sustentáveis na produção de aves de capoeira ou de outros animais em Yenagoa LGA, em todo o Estado de Bayelsa ou noutras localizações geográficas.

REFERÊNCIAS

Adeyonu, A.,Ajiboye, B., Isitor S., &Faseyi, S.A. (2017) Uma análise dos factores que influenciam o acesso ao crédito por parte dos avicultores em Abuja, Nigéria.

Adeyonu, A.G., Oyawoye, E.O., Otunaiya, A.O. &Akinlade, R.J. (2016) Determinantes da vontade dos avicultores de participarem no Regime Nacional de Seguro Agrícola no Estado de Oyo, *Nigéria. Agricultura Tropical Aplicada, (21): 3, 55-62.*

Agwu, E.A., Ifeonu, C.F., Nwobodo, C. E., Anugwa, I.Q., &Okoro J.C., (2022).Digital Approaches in Agriculture Extension. In M.CMadukwe,.(Ed.) Agricultural Extension in Nigeria.(3rd *Ed.)Agricultural Extension society of Nigeria,* 148-168.

Ahmed, E., & Mohammed, B.S. (2015) Impedimentos observados na avicultura no Estado de Kastina, Norte da Nigéria, agosto de 2015. *Revista Internacional de Investigação em Ciências Sociais 5 (3):153-166.*

Ajala, A, O, Ogunjimi, S.I, Famuwagun, O.S &Adebimpe, A.T (2020) Poultry Production in Nigeria: Exploiting Its Potentials for Rural Youth Empowerment and Entrepreneurship, *Nigerian Journal of Animal Production, 10:303-305*

Akintobi, O.S., Animashaun, O. &Nabinta, R. (2019).Análise dos factores que militam contra a produção de frangos de carne na Área de Governo Local Norte de Abeokuta do Estado de Ogun, Nigéria. FUDMA *Journal of Agriculture and Agricultural Technolgy,* 5 (2): 67-76.

Akintunde, O.K., Adeoti, A.I., Okoruwa, V.O. &Omonona, B (2015). Efeitos da gestão de doenças na rentabilidade da produção de ovos de aves de capoeira no sudoeste da Nigéria. *Asian Journal of Poultry Science.* 9(1): 1-18

ASL 2050. (2018). *Sistemas de produção animal em destaque na Nigéria. FAO,* Roma, Itália

Atala, T.K. &Issa.F.O (2022). Agricultural Innovation diffusion and adoption In: M.C.Madukwe, (Ed). Agricultural Extension in Nigeria *(3rd ed)Agricultural Extension Society of Nigeria,* 37-61.

Atala, T.K. &Issa, F.O. (2022).Agricultural and Innovation Diffustion and Adoption.In, M.CMadukwe.(Ed).*Agricultural extension in Nigeria* (3rd Ed.).*Agricultural Extension Society of Nigeria 36-61.*

Bello, O.G, Abdulraham, O.L, Kayode, A.O, Busari, I.Z &Koloche, I.M. (2022). Conscientização dos avicultores sobre práticas de biossegurança contra doenças infecciosas no estado de Kano, Nigéria. *Jornal de Extensão Agrícola 26 (2): 1:11*

Bello, O.G, Abdulrahaman, O.L Kayode, A.O, Busair, I.Z &Koloche, I.M (2022).Awareness of poultry farmers in Biosecurity practice against infections disease in Kano State, NigeriaJournal *of Agricultural Extension* , 26 (2) : 1-11.

Burton, ,H., Misselbrook, T., Webb, Philippe, F. T. X , Aguilar, M., Doreau, M. Hassouna, M., Veldkamp, T., Dourmad, J. Y., Bonmati, A., Grimm, E., &Sommer, S. G. (2016). Melhores tecnologias disponíveis para as explorações pecuárias europeias: Availability, effectiveness and uptake. *JournalofEnvironmentalManagement,* 166(15): 1-11

Chiekezie, N.R., Nwankwo, E.C &Ozor, M. U. (2022).Analysis of Small Scale broiler poultry production in South East *NigeriaJnternational Journal of Animal and Livestock Production Research* 6(1): 116

Chukwuone, N.A., Onyia, C. C. &Aniokoh, C. D. Determinants of Catfish farmers use of sustainable environmental management practices in Enugu State, Nigeria. *Journal of AgriculturalExtension.* 25(4): 143-153

Doss, C.R. (2018). Mulheres e produtos agrícolas: Reframing the Issues. *Development Policy Review* 36(1); 35-50.

Eneji, M.A., Weiping, S. &Ushie, O. S. (2012). Benefícios da capacidade de inovação tecnológica agrícola para os camponeses em zonas rurais pobres: o caso do DBN-Group, China. *Revista Internacional de Desenvolvimento e Sustentabilidade.* 1 (2): 145-170.

Fishbeing, M. &AJzen, I. (1977).Belief, Attitude, Intension and Behavior..*Reading,* M.A: Addison-Wesley.

Giuseppe, P., Francescon, A.H. D., Scefanon, B., Sevi, A., &Dell'Orto, V. (2011).Produção sustentável de ruminantes para ajudar a alimentar o planeta.*Italian Journal of animal science*, 16(1), 140171.

Hajiyev, R., Salmanova, K., Mammadov, G. &Taghiyev, U. (2022). Aplicação de tecnologias intensivas para melhorar os processos de produção em explorações avícolas. *Jornal da Europa de Leste sobre Tecnologias Empresariais 4(1 (118)):90-102.*

Ifenkwe, G.E (2013) Adoção de Tecnologia, *em*: I .Nwachukwu, (Ed). Extensão agrícola e desenvolvimento rural: Promoting Indigenous knowledge. *Lamb house publishers.* 64-72.

Kim, Y &Crownston, K. (2012). Adoção de tecnologia e utilização de revisão teórica para estudar a utilização continuada de ciber-infra-estruturas pelos cientistas. *Sociedade Americana de Ciência e Tecnologia da Informação.* 48(1): 1-10.

Nwoye, I.I., Onugbogu, O.H., &Uzochukwu, I.E. (2022): Disponibilidade e utilização de ferramentas de marketing digital entre os comerciantes de peixe-gato africano fresco na região de Onambala do estado de Anambra, Nigéria. *Jornal de Extensão Agrícola.* 26 (2): 67: 76.

Ogunyemi, O.1. &Orowole, P.F. (2020). Caraterísticas socioeconómicas dos avicultores e factores limitantes da produção no sudoeste da Nigéria. *Jornal de Desenvolvimento Sustentável em África,* 22 (1): 151-165

Ojo, M.A, Ogunbiyi, Y.G &Ojo, A. O (2018).Efeitos da adoção de tecnologias melhoradas na produção avícola no Estado de Oyo, NigériaProceedings *of 2nd conferência internacional sobre Investigação Económica*, 15-21.

Oladipo, F.O., Bello, O.G., Daudu, A.k., Kayode, A.O., Kareem, O.W., Olarunfemi, O.D., &Iyilade, A.O., (2020). Adoção de medidas de biossegurança contra o surto de gripe aviária entre os avicultores do Estado de Jigawa, Nigéria. Jornal de Serviços Electrónicos de Extensão Agrícola (EJS) 24 (1): 88-94.

Olagunju, O., Adetaranui, O., Koledoye, G.F., Olumoyegun, A.T. &Nabara, I.S. (2021).Digitalização do sistema de extensão agrícola para uma gestão eficaz da emergência na Nigéria.*Journal of Agricultural Extension*,25(4): 81-91.

Olaniyi, O.A, Adesiyan, I.O &Ayoade, R.A (2017) constrangimentos à utilização da tecnologia de produção avícola entre os agricultores do Estado de Oyo, *NigériaJournal of Ecology,* 24 (4): 305,

Olanrewaju, K.O., Akintunde, O.K., Popoola, M.A., &Busari, A.O (2023).Towards the digitization of poultry industry in Nigeria. Uma investigação dos conhecimentos e práticas dos agricultores. Jornal Africano de Ciência, Tecnologia, Inovação e Desenvolvimento.

Olurunfemi, O.D., Olurunfem, T.O., Oladele, O. I., Malomo, J.O (2021). Conhecimento dos agentes de extensão sobre iniciativas agrícolas inteligentes para o clima no sudoeste da Nigéria. *Jornal de Extensão Agrícola* 25 (4): 23-21

Onuekwusi, G.C (2013). Programas para jovens em extensão e desenvolvimento rural. In: Nwachukwu, I (Ed). Agricultural Extension and Rural Development: Promoting Indigenous Knowledge. *Lamb House Publishers,* 148-162.

Rao, N. (2020). The Achievement of Food and Nutrition Security in South Asia is deeply gendered. *Nature Food*. 1(4):206-209.

Schutte, D. W., & Shuttle, D., (2018). A teoria das necessidades básicas para o desenvolvimento comunitário.

Tijani, S.A (2022). Mulheres na Agricultura In: Madukweme M.C (Ed). Agricultural Extension in NigeriaAgricultural *Extension Society of Nigeria.* 102-113.

Uzoka, N.R. (2013) Educação e aprendizagem de adultos. In: Nwachukwu, I. (Ed). Agricultural Extension and rural development: promoting indigenous knowledge. *Lamb house publication,* 148-162.

Venkatesh, V. & Davis, F.D. (1996). A model of the Antecedents of Perceived ease of use: Development and test. *Decision Science, 25(1): 71-102.*

Walker, E. L. e Hudson M.O (2014) Espécies de animais de carne; Ovinos e caprinos. In: M. Dikeman,&C.Divine,(Eds). *Encyclopedia of Meat Science* (2nd Edition): Elsevier ltd Academic Press Recuperado Online em 28th abril, 2021 de

Yakubu, D H., Musa, N., Abubakar, B. Z. &Jabo, M. S. M. (2022). Atitude da família rural em relação à diversificação em empresas não agrícolas no estado de Katsina, *Nigéria. Jornal de Extensão Agrícola 26(2): 26-36*

APÊNDICES

APÊNDICE 1

QUESTIONÁRIO

Departamento de Extensão Agrícola e Desenvolvimento Rural,

Faculdade de Agricultura,

Universidade Estadual de Rivers,

14th agosto de 2023

Caro(a) Senhor(a)

CARTA DE APRESENTAÇÃO

Sou um estudante de mestrado do departamento acima mencionado. Atualmente, estou a realizar um trabalho de investigação intitulado: **A adoção de tecnologias de criação de aves de capoeira para aumentar a produção de aves de capoeira na área governamental local de Yenagoa, estado de Bayelsa.** Por favor, responda ao questionário tal como se aplica a si.

Por favor, o seu nome ou endereço não precisam de ser divulgados, mas garanto-lhe que qualquer informação fornecida por si será utilizada exclusivamente para efeitos deste trabalho académico.

Obrigado.

Com os melhores cumprimentos,

....

AJUWA, Helen Akinabor

(Investigador)

QUESTIONÁRIO INTITULADO: A ADOPÇÃO DE TECNOLOGIAS AVÍCOLAS PARA AUMENTAR A PRODUÇÃO AVÍCOLA NA ÁREA GOVERNAMENTAL LOCAL DE YENAGOA, ESTADO DE BAYELSA

Nome da exploração avícola: ....

(Secção A) - Dados pessoais:

Assinale (✓) a opção que se aplica a si.

1. Sexo: Masculino ( ), feminino ( )
2. Idade: 20-30 anos ( ), 31-40 anos ( ), 41-50 ( ), mais de 50 anos ( ).
3. Estado civil: solteiro ( ), casado ( ), separado ( ), divorciado ( ), viúvo/viúva ( )
4. Dimensão do agregado familiar 1-2 ( ), 3-5 ( ), 6-8 ( )

Nível de ensino: Sem educação formal ( ), Primário ( ), Secundário ( ), Ensino Superior ( )

Profissão: agricultura ( ), comércio ( ), função pública ( ), trabalhos qualificados ( )

Rendimento mensal líquido: Menos de N18.000,00 ( ), N18.000,00-27, 900,00 ( ), N28.000,00-37.900,00 ( ), N38.000,00 - N48.000,00 ( ), mais de 48.000,00 ( )

Anos de experiência: 1-4 ( ), 5-8 ( ), 9-12 ( ), 13-16 ( ), Mais de 16 ( )

Fontes de financiamento: Contribuição dos membros ( ), ONG ( ), agências doadoras ( ),

Governo - Federal, Estadual ou Local ( )

Número de aves: 50-150 ( ), 151-250 ( ), 251-350 ( ), 351 e mais ( )

Secção B: Sensibilização para as tecnologias de criação de aves de capoeira

De quais das seguintes tecnologias de criação de aves de capoeira tem conhecimento? Considere os seguintes factores

e grosso () conforme adequado, de acordo com a sua opinião. As opiniões são conscientes ou não conscientes.

S/N	Poultry technologies	Aware	Not aware
1	Automated feeding system		
2	Watering System		
3	Climate control		
4	Lighting control		
5	Genetics and breading		
6	Health monitoring		
7	Biosecurity		
8	Manure management		
9	Smart farming App		
10	Precision nutrition		
11	Blockchain and Traceability		
12	Cage-Free and Free-Range System		

Secção C: Tecnologias de criação de aves de capoeira disponíveis na área da administração local de Yenagua, Estado de Bayelsa

Quais destas tecnologias de criação de aves de capoeira estão disponíveis para os agricultores na área da administração local de Yenagua, Estado de Bayelsa?

S/N	Poultry technologies	Available	Not Available
1	Automated feeding system		
2	Watering System		
3	Climate control		
4	Lighting control		
5	Genetics and breading		
6	Health monitoring		
7	Biosecurity		
8	Manure management		
9	Smart farming App		
10	Precision nutrition		
11	Blockchain and Traceability		
12	Cage-Free and Free-Range System		

Secção D: Grau de adoção de tecnologias de criação de aves de capoeira na área da administração local de Yenagoa, Estado de Bayelsa.

Em que medida as seguintes tecnologias de criação de aves de capoeira são adoptadas pelos agricultores da Área de Governo Local de Yenagua, Estado de Bayelsa. Por favor, considere estes factores e assinale com ( ) as palavras adequadas de acordo com a sua opinião. As opiniões são: grau muito elevado, grau elevado, grau baixo e grau muito baixo.

S/N	Poultry technologies	Very high extent	High extent	Low extent	Very low extent
1	Automated feeding system				
2	Watering System				
3	Climate control				
4	Lighting control				
5	Genetics and breading				
6	Health monitoring				
7	Biosecurity				
8	Manure management				
9	Smart farming App				
10	Precision nutrition				
11	Blockchain and Traceability				
12	Cage-Free and Free-Range System				

Secção E: Nível de satisfação com a utilização de tecnologias de criação de aves de capoeira

Identificar o grau de satisfação dos avicultores com a utilização das seguintes tecnologias de criação de aves de capoeira para aumentar a produção avícola na área da administração local de Yenagoa, estado de Bayelsa. Considere estes factores e assinale ( ) de acordo com a sua opinião. As opiniões são muito elevada, elevada, baixa e muito baixa

S/N	Poultry technologies	Very high	High	Low	Very low
1	Automated feeding system				
2	Watering System				
3	Climate control				
4	Lighting control				
5	Genetics and breading				
6	Health monitoring				
7	Biosecurity				
8	Manure management				
9	Smart farming App				
10	Precision nutrition				
11	Blockchain and Traceability				
12	Cage-Free and Free-Range System				

Secção F: Benefícios percebidos da utilização de tecnologias de criação de aves de capoeira

Identificar as vantagens da utilização de tecnologias de criação de aves de capoeira pelos avicultores para aumentar a produção de aves de capoeira na área da administração local de Yenagoa, no Estado de Bayelsa. Considere estes factores e assinale ( ) de acordo com a sua opinião. As opiniões são: Concordo fortemente (SA), Concordo (A), Discordo (D), Discordo fortemente (SD) e Indeciso (UD):

S/n	The benefits of using poultry farming technologies	**SA**	**A**	**D**	**SD**
		4	3	2	1
1	It Enhanced efficiency				
2	Improved disease control				
3	Optimal nutrition management				
4	Data-driven decision-making				
5	Enhanced biosecurity				
6	Improved animal welfare				
7	Scalability and profitability				
8	animal welfare				
9	Biosecurity				
10	contribute to increased production and productivity in the poultry industry				

Secção G: Factores que militam contra a utilização de tecnologias de criação de aves de capoeira pelos avicultores para aumentar a produção de aves de capoeira na área da administração local de Yenagoa, Estado de Bayelsa.

Determinar os factores que militam contra a utilização de tecnologias de avicultura pelos avicultores para aumentar a produção avícola na zona governamental local de Yenagoa, Estado de Bayelsa. Considere estes factores e assinale ( ) de acordo com a sua opinião. As opiniões são: Concordo fortemente (SA), Concordo (A), Discordo (D), Discordo fortemente (SD) e Indeciso (UD):

S/n	The factors militating against use of poultry farming technologies	SA	A	D	SD
		4	3	2	1
1	Lack of awareness and knowledge				
2	High initial investment cost				
3	Limited access to financing				
4	Lack of technical expertise				
5	Infrastructure limitations				
6	Resistance to change				
7	Maintenance and operational costs				
8	Lack of electricity				
9	Lack of access road to the farm				
10	Lack of water supply				
11	Inefficient extension service delivery				
12	Poor performance of technologies				

APÊNDICE 2

Frequencies

Statistics

		Sex	Age	M.status	HHsize	Edu.quali	occupation	income	exp	source.fund	Numbero fbirds
N	Valid	150	150	150	150	150	150	150	150	150	150
	Missing	0	0	0	0	0	0	0	0	0	0
Mean		1.5467	2.6333	2.3667	2.1067	3.0000	2.3933	3.2067	2.6533	2.2267	2.7667

Frequency Table

Sex

		Frequency	Percent	Valid Percent	Cumulative Percent
Valid	1.00	68	45.3	45.3	45.3
	2.00	82	54.7	54.7	100.0
	Total	150	100.0	100.0	

Age

		Frequency	Percent	Valid Percent	Cumulative Percent
Valid	1.00	18	12.0	12.0	12.0
	2.00	44	29.3	29.3	41.3
	3.00	64	42.7	42.7	84.0
	4.00	23	15.3	15.3	99.3
	5.00	1	.7	.7	100.0
	Total	150	100.0	100.0	

M.status

		Frequency	Percent	Valid Percent	Cumulative Percent
Valid	1.00	26	17.3	17.3	17.3
	2.00	77	51.3	51.3	68.7
	3.00	18	12.0	12.0	80.7
	4.00	24	16.0	16.0	96.7
	5.00	5	3.3	3.3	100.0
	Total	150	100.0	100.0	

Hhsize

		Frequency	Percent	Valid Percent	Cumulative Percent
Valid	1.00	26	17.3	17.3	17.3
	2.00	82	54.7	54.7	72.0
	3.00	42	28.0	28.0	100.0
	Total	150	100.0	100.0	

Edu.quali

		Frequency	Percent	Valid Percent	Cumulative Percent
Valid	1.00	14	9.3	9.3	9.3
	2.00	24	16.0	16.0	25.3
	3.00	60	40.0	40.0	65.3
	4.00	52	34.7	34.7	100.0
	Total	150	100.0	100.0	

occupation

		Frequency	Percent	Valid Percent	Cumulative Percent
Valid	1.00	45	30.0	30.0	30.0
	2.00	29	19.3	19.3	49.3
	3.00	48	32.0	32.0	81.3
	4.00	28	18.7	18.7	100.0
	Total	150	100.0	100.0	

Income

		Frequency	Percent	Valid Percent	Cumulative Percent
Valid	1.00	24	16.0	16.0	16.0
	2.00	19	12.7	12.7	28.7
	3.00	28	18.7	18.7	47.3
	4.00	60	40.0	40.0	87.3
	5.00	19	12.7	12.7	100.0
	Total	150	100.0	100.0	

exp

		Frequency	Percent	Valid Percent	Cumulative Percent
Valid	1.00	22	14.7	14.7	14.7
	2.00	46	30.7	30.7	45.3
	3.00	45	30.0	30.0	75.3
	4.00	36	24.0	24.0	99.3
	5.00	1	.7	.7	100.0
	Total	150	100.0	100.0	

source.fund

		Frequency	Percent	Valid Percent	Cumulative Percent
Valid	1.00	56	37.3	37.3	37.3
	2.00	41	27.3	27.3	64.7
	3.00	17	11.3	11.3	76.0
	4.00	35	23.3	23.3	99.3
	5.00	1	.7	.7	100.0
	Total	150	100.0	100.0	

Numberofbirds

		Frequency	Percent	Valid Percent	Cumulative Percent
Valid	1.00	17	11.3	11.3	11.3
	2.00	54	36.0	36.0	47.3
	3.00	26	17.3	17.3	64.7
	4.00	53	35.3	35.3	100.0
	Total	150	100.0	100.0	

SECTIONB

Descriptive Statistics

	N	Sum	Mean	Std. Deviation
Automated	150	462.00	3.0800	.84758
Wateringsystem	150	332.00	2.2133	.85598
Climatecontrol	150	362.00	2.4133	.92095
Lightningcontrol	150	357.00	2.3800	.98764
Geneticbreeding	150	371.00	2.4733	1.01464
Healthmonitoring	150	394.00	2.6267	1.05898
Manuremanagement	150	301.00	2.0067	.90855
Smart	150	388.00	2.5867	.89882
Biosecurity	150	379.00	2.5267	1.00132
Precision	150	294.00	1.9600	.81000
Blockchain	150	336.00	2.2400	1.00789
Cagefree	150	257.00	1.7133	.63813
Valid N (listwise)	150			

SECTION C

Frequencies

Notes

Output Created		11-NOV-2023 22:50:30
Comments		
Input	Data	C:\Users\user\Desktop\Madam Helen data.sav
	Active Dataset	DataSet1
	Filter	<none>
	Weight	<none>
	Split File	<none>
	N of Rows in Working Data File	150
Missing Value Handling	Definition of Missing	User-defined missing values are treated as missing.
	Cases Used	Statistics are based on all cases with valid data.
Syntax		FREQUENCIES VARIABLES=AutomatedAwateringsystemAclimatecontrolALightningcontrolAGeneticbreedingAHealthmonitoringABiosecurityAmanuremanagementASmartAPrecisionABlockchainACagefreeA /ORDER=ANALYSIS.
Resources	Processor Time	00:00:00.03
	Elapsed Time	00:00:00.06

[DataSet1] C:\Users\user\Desktop\Madam Helen data.sav

Statistics

		AutomatedA	Watering SystemA	Climate ControlA	Lightning ControlA	Genetic BreedingA	Health MonitoringA	BiosecurityA	Manure managementA	SmartA	PrecisionA	BlockchainA	CagefreeA
N	Valid	150	150	150	150	150	150	150	150	150	150	150	150
	Missing	0	0	0	0	0	0	0	0	0	0	0	0

Frequency Table

AutomatedA

		Frequency	Percent	Valid Percent	Cumulative Percent
Valid	1.00	58	38.7	38.7	38.7
	2.00	92	61.3	61.3	100.0

		Frequency	Percent	Valid Percent	Cumulative Percent
	Total	150	100.0	100.0	

WateringsystemA

		Frequency	Percent	Valid Percent	Cumulative Percent
Valid	1.00	118	78.7	78.7	78.7
	2.00	32	21.3	21.3	100.0
	Total	150	100.0	100.0	

ClimatecontrolA

		Frequency	Percent	Valid Percent	Cumulative Percent
Valid	1.00	47	31.3	31.3	31.3
	2.00	103	68.7	68.7	100.0
	Total	150	100.0	100.0	

LightningcontrolA

		Frequency	Percent	Valid Percent	Cumulative Percent
Valid	1.00	73	48.7	48.7	48.7
	2.00	77	51.3	51.3	100.0
	Total	150	100.0	100.0	

GeneticbreedingA

		Frequency	Percent	Valid Percent	Cumulative Percent
Valid	1.00	45	30.0	30.0	30.0
	2.00	105	70.0	70.0	100.0
	Total	150	100.0	100.0	

HealthmonitoringA

		Frequency	Percent	Valid Percent	Cumulative Percent
Valid	1.00	64	42.7	42.7	42.7
	2.00	86	57.3	57.3	100.0
	Total	150	100.0	100.0	

BiosecurityA

		Frequency	Percent	Valid Percent	Cumulative Percent
Valid	1.00	71	47.3	47.3	47.3
	2.00	79	52.7	52.7	100.0
	Total	150	100.0	100.0	

ManuremanagementA

		Frequency	Percent	Valid Percent	Cumulative Percent
Valid	1.00	67	44.7	44.7	44.7
	2.00	83	55.3	55.3	100.0
	Total	150	100.0	100.0	

SmartA

		Frequency	Percent	Valid Percent	Cumulative Percent
Valid	1.00	49	32.7	32.7	32.7
	2.00	101	67.3	67.3	100.0
	Total	150	100.0	100.0	

PrecisionA

		Frequency	Percent	Valid Percent	Cumulative Percent
Valid	1.00	76	50.7	50.7	50.7
	2.00	74	49.3	49.3	100.0
	Total	150	100.0	100.0	

BlockchainA

		Frequency	Percent	Valid Percent	Cumulative Percent
Valid	1.00	34	22.7	22.7	22.7
	2.00	116	77.3	77.3	100.0
	Total	150	100.0	100.0	

CagefreeA

		Frequency	Percent	Valid Percent	Cumulative Percent
Valid	1.00	47	31.3	31.3	31.3
	2.00	103	68.7	68.7	100.0
	Total	150	100.0	100.0	

SECTION D

Descriptive Statistics

	N	Sum	Mean	Std. Deviation
AutomatedE	150	453.00	3.0200	.76387
WateringsystemE	150	313.00	2.0867	.74127
ClimatecontrolE	150	331.00	2.2067	.78831
LightningcontrolE	150	298.00	1.9867	.86689
GeneticbreedingE	150	318.00	2.1200	.77650
HealthmonitoringE	150	352.00	2.3467	.86689
BiosecurityE	150	354.00	2.3600	.99178
ManuremanagementE	150	292.00	1.9467	.84969
SmartE	150	328.00	2.1867	.83051
PrecisionE	150	280.00	1.8667	.81650
BlockchainE	150	342.00	2.2800	1.02401
CagefreeE	150	402.00	2.6800	.89232

Valid N (listwise)	150			

SECTION E

Descriptive Statistics

	N	Sum	Mean	Std. Deviation
AutomatedL	150	441.00	2.9400	.77051
WateringsystemL	150	334.00	2.2267	.82043
ClimatecontrolL	150	358.00	2.3867	.83374
LightningcontrolL	150	340.00	2.2667	.88740
GeneticbreedingL	150	342.00	2.2800	.82836
HealthmonitoringL	150	350.00	2.3333	.87980
Bio security yL	150	373.00	2.4867	.88033
ManuremanagementL	150	313.00	2.0867	.88186
SmartL	150	366.00	2.4400	.83127
PrecisionL	150	287.00	1.9133	.81047
BlockchainL	150	336.00	2.2400	.97403
CagefreeL	150	501.00	3.3400	.61119
Valid N (listwise)	150			

SECTION F:

Descriptive Statistics

	N	Sum	Mean	Std. Deviation
Efficiency	150	479.00	3.1933	.58730
DiseaseControl	150	459.00	3.0600	.64745
Optimaldiseasemgt	150	453.00	3.0200	.63953
Decision	150	454.00	3.0267	.64451
Enhancedbiose	150	461.00	3.0733	.62495
Animalwelfare	150	465.00	3.1000	.63192
Scalabilityprofitability	150	451.00	3.0067	.62923
Improvedproduction	150	458.00	3.0533	.63231
Valid N (listwise)	150			

SECTION G

Descriptive Statistics

	N	Sum	Mean	Std. Deviation
VAR00001	150	472.00	3.1467	.79754
VAR00002	150	502.00	3.3467	.59061
VAR00003	150	518.00	3.4533	.58604
VAR00004	150	523.00	3.4867	.65268
VAR00005	150	517.00	3.4467	.66086
VAR00006	150	471.00	3.1400	.66585
VAR00007	150	448.00	2.9867	.75961
VAR00008	150	507.00	3.3800	.64162
VAR00009	150	480.00	3.2000	.77719
VAR00010	150	497.00	3.3133	.74308
VAR00011	150	452.00	3.0133	.91216
VAR00012	150	481.00	3.2067	.57108

Valid N (listwise)	150			

Regression

Notes

Output Created		13-NOV-2023 22:05:36
Comments		
Input	Data	C:\Users\user\Desktop\Madam Helen data.sav
	Active Dataset	DataSet1
	Filter	<none>
	Weight	<none>
	Split File	<none>
	N of Rows in Working Data File	150
Missing Value Handling	Definition of Missing	User-defined missing values are treated as missing.
	Cases Used	Statistics are based on cases with no missing values for any variable used.
Syntax		REGRESSION /MISSING LISTWISE /STATISTICS COEFF OUTS CI(95) R ANOVA CHANGE /CRITERIA=FIN(3.84) FOUT(2.71) /NOORIGIN /DEPENDENT Adoption /METHOD=ENTER Sex Age M.statusHHsizeEdu.quali occupation income expsource. FundNumberofbirds.
Resources	Processor Time	00:00:00.02
	Elapsed Time	00:00:00.14
	Memory Required	6388 bytes
	Additional Memory Required for Residual Plots	0 bytes

[DataSet1] C:\Users\user\Desktop\Madam Helen data.sav

Variables Entered/Removed[a]

Model	Variables Entered	Variables Removed	Method
1	Numberofbirds, Edu.quali, Sex, occupation, HHsize, M.status, source.fund, income, exp, Age[b]	.	Enter

a. Dependent Variable: Adoption
b. All requested variables entered.

Model Summary

Model	R	R Square	Adjusted R Square	Std. Error of the Estimate	Change Statistics		
					R Square Change	F Change	df1
1	.353[a]	.124	.061	.40978	.124	1.972	10

a. Predictors: (Constant), Numberofbirds, Edu.quali, Sex, occupation, HHsize, M.status, source.fund, income, exp, Age

ANOVA[a]

Model		Sum of Squares	df	Mean Square	F	Sig.
1	Regression	3.312	10	.331	1.972	.041[b]
	Residual	23.341	139	.168		
	Total	26.653	149			

a. Dependent Variable: Adoption
b. Predictors: (Constant), Numberofbirds, Edu.quali, Sex, occupation, HHsize, M.status, source.fund, income, exp, Age

Coefficients[a]

Model	Unstandardized Coefficients		Standardized Coefficients	t	Sig.	95.0% Confidence Interval for B	
	B	Std. Error	Beta			Lower Bound	Upper Bound
(Constant)	2.266	.273		8.315	.000	1.727	2.805
Sex	.039	.071	.047	.556	.579	-.101	.180
Age	-.011	.049	-.023	-.218	.828	-.107	.085
M.status	-.031	.039	-.077	-.783	.435	-.109	.047
HHsize	-.112	.055	-.177	-2.048	.042	-.221	-.004
Edu.quali	.050	.040	.111	1.231	.220	-.030	.130
occupation	.077	.032	.200	2.413	.017	.014	.140
Income	-.050	.031	-.152	-1.631	.105	-.111	.011
Exp	.046	.038	.112	1.202	.231	-.030	.122
source.fund	-.036	.032	-.102	-1.131	.260	-.099	.027
Numberofbirds	.016	.035	.040	.464	.644	-.052	.084

a. Dependent Variable: Adoption

HYPOTHESIS
Awareness

Automated

		Frequency	Percent	Valid Percent	Cumulative Percent
Valid	.00	24	16.0	16.0	16.0
	1.00	126	84.0	84.0	100.0
	Total	150	100.0	100.0	

Wateringsystem

		Frequency	Percent	Valid Percent	Cumulative Percent
Valid	.00	102	68.0	68.0	68.0

	1.00	48	32.0	32.0	100.0
	Total	150	100.0	100.0	

Climatecontrol

		Frequency	Percent	Valid Percent	Cumulative Percent
Valid	.00	91	60.7	60.7	60.7
	1.00	59	39.3	39.3	100.0
	Total	150	100.0	100.0	

Lightningcontrol

		Frequency	Percent	Valid Percent	Cumulative Percent
Valid	.00	96	64.0	64.0	64.0
	1.00	54	36.0	36.0	100.0
	Total	150	100.0	100.0	

Geneticbreeding

		Frequency	Percent	Valid Percent	Cumulative Percent
Valid	.00	81	54.0	54.0	54.0
	1.00	69	46.0	46.0	100.0
	Total	150	100.0	100.0	

Healthmonitoring

		Frequency	Percent	Valid Percent	Cumulative Percent
Valid	.00	74	49.3	49.3	49.3
	1.00	76	50.7	50.7	100.0
	Total	150	100.0	100.0	

Biosecurity

		Frequency	Percent	Valid Percent	Cumulative Percent
Valid	.00	81	54.0	54.0	54.0
	1.00	69	46.0	46.0	100.0
	Total	150	100.0	100.0	

Manuremanagement

		Frequency	Percent	Valid Percent	Cumulative Percent
Valid	.00	112	74.7	74.7	74.7
	1.00	38	25.3	25.3	100.0
	Total	150	100.0	100.0	

Precision

		Frequency	Percent	Valid Percent	Cumulative Percent
Valid	.00	118	78.7	78.7	78.7
	1.00	32	21.3	21.3	100.0
	Total	150	100.0	100.0	

Blockchain					
		Frequency	Percent	Valid Percent	Cumulative Percent
Valid	.00	104	69.3	69.3	69.3
	1.00	46	30.7	30.7	100.0
	Total	150	100.0	100.0	

Cagefree					
		Frequency	Percent	Valid Percent	Cumulative Percent
Valid	.00	92	61.3	61.3	61.3
	1.00	58	38.7	38.7	100.0
	Total	150	100.0	100.0	

Correlations

Correlations

		Awareness	Adoption
Awareness	Pearson Correlation	1	.013
	Sig. (2-tailed)		.873
	N	150	150
Adoption	Pearson Correlation	.013	1
	Sig. (2-tailed)	.873	
	N	150	150

Printed by Books on Demand GmbH, Norderstedt / Germany